河南省高等学校重点科研项目（15A46000

少自由度并联机器人机构分析方法研究

季 晔 / 著

西南交通大学出版社
·成 都·

图书在版编目（CIP）数据

少自由度并联机器人机构分析方法研究 / 季晔著.
—成都：西南交通大学出版社，2017.4
ISBN 978-7-5643-5228-8

Ⅰ. ①少… Ⅱ. ①季… Ⅲ. ①机器人机构－机构分析
Ⅳ. ①TP24

中国版本图书馆 CIP 数据核字（2017）第 007407 号

少自由度并联机器人机构分析方法研究

季 晔 著

责任编辑	李 伟
封面设计	米迦设计工作室
出版发行	西南交通大学出版社 （四川省成都市二环路北一段 111 号 西南交通大学创新大厦 21 楼）
发行部电话	028-87600564 028-87600533
邮政编码	610031
网址	http://www.xnjdcbs.com
印刷	成都蓉军广告印务有限责任公司
成品尺寸	170 mm×230 mm
印张	12.25
字数	188 千
版次	2017 年 4 月第 1 版
印次	2017 年 4 月第 1 次
书号	ISBN 978-7-5643-5228-8
定价	48.00 元

前　言

少自由度并联机构用途广泛，可以作为航天飞船对接器、航海潜艇救援对接器、高档数控机床等设备的原型，具有结构紧凑、设计制造和控制成本低等优点。近年来，随着人力资源成本的提高、社会老龄化的加剧，企业用工成本大幅增加，机器人已逐步成为重要的劳动力和生产工具。面向不同的应用领域，机器人需求种类的多样化也十分迫切。

本书对并联机器人机构构型演变及其机构分析进行了系统阐述，提出了机构型综合和性能分析新方法；将六自由度Stewart并联机构去掉两个驱动支链，得到四驱动支链并联机构；利用螺旋理论分析了机构的运动螺旋和约束螺旋，发现支链对运动平台无约束，故改变支链中与运动或固定平台相连的运动副以及增加约束从动支链，可以得到3T1R（T表示移动，R表示转动）、2T2R和1T3R四自由度并联机构。为了表示这些结构相似而运动特征不同的机构，定义了更为明晰的机构代号表示方法。

奇异是机构的固有属性，机构处于奇异位形会使其运动学和动力学性能发生突变。本书采用Jacobian代数法研究机构奇异位形，提出采用循环迭代计算得到行列式零点，根据零点分布规律研究机构奇异位形；根据机构约束条件，建立并联机构工作空间约束方程，并建立了相应的计算流程图，提出利用“点集”来近似计算机构工作空间大小的方法；建立了并联机构的输入/输出的一阶和二阶影响系数矩阵，采用“分层”研究的方法，得到了输入对机构各输出变量的影响。本书以全域性能评价指标为依据，得到了尺度参数与性能评价指标的关系；对并联机构进行运动学分析，根据机构的输入与输出位置关系方程，推导出机构的输入与输出的速度和加速度关系方程，采用改进的 PSO（粒子群优化）算法为基本求解方法，同时与 Broyden 迭代法相结合，得到了机构的高精度位置正解；根据推导出的运动学方程，在给定输入的条件下，得到了机构输出端位置、速度和加速度变化规律；对机构进行受力分析，利用 N-E（牛顿-欧拉）法建立了机构动力学方程，根据未知数与方程数量，将机构分为含局部自由度机构、静定机构和过约束机构；在不同的输入轨迹条件下，得到了机构的驱动力和运动副约束反力/力偶的变化规律。

本书利用仿真软件，建立了机构的虚拟样机模型，通过仿真计算验证了理论计算结果；根据机构运动特征，说明了书中并联机器人机构的潜在应用价值。

希望本书内容能为机构综合和分析提供借鉴。由于本人水平有限，书中难免存在疏漏之处，恳请读者、专家批评指正，不吝赐教。

季晔

2017 年 4 月

目　录

1 绪论

1.1 发展概况

随着德国“工业 4.0”和我国“中国制造 2025”战略的提出，机器人与智能装备引起了国内外科学界和工程界的高度重视，毫无疑问，机器人对未来社会的发展具有深远影响。据资料统计，2014 年中国市场共销售工业机器人约 5.7 万台，较上年增长 55%，约占全球市场总销量的 1/4，已连续两年成为全球第一大工业机器人市场。但目前我国机器人的“密度”依然只有德国、日本的 10%，推算到 2020 年则至少应有 23.7 万台工业机器人的替代空间。并联机器人作为一类重要的工业机器人，具有刚度大、承载能力强、累积误差小、控制精度高等诸多优点。与关节机器人相比，并联机器人在工业现场占有率不足 5%，而食品、医药、3C 电子产品和印刷等行业对其有迫切的需求，因此具有广阔的应用前景。

数学、力学、计算机科学与技术和控制理论等学科发展迅速，并联机构的各类问题也凸显出来，激发了众多国内外学者的研究热情。数学家 Cauchy 在 1895 年研究了一种八面体并联机构，这是至今为止知道的最早的并联机构。据史料记载，Gwinnett 在 1931 年提出一种球面并联机构[1]专利；Pollard 在 1934 年发明了一种用于喷漆的并联机构，并于 1940 年申请了该机构的专利[2]。自从 20 世纪 70 年代开始，很多学者在并联机器人的机构学和控制策略等方面进行了研究，国外的知名学者有 Duffy[3, 4]、Tesar[5, 6]、Gosselin[7, 8]、Merlet[9, 10]、Angeles[11]、Tsai[12]、Herve[13, 14]等。并联机器人的早期研究主要集中在 Gough[15]和 Stewart[16]提出的六自由度平台机构（见图 1-1、1-2），该机构由六条支链组成，具有强非线性和强耦合等特点。在实际应用中，很多情况下不需要六自由度特性的机构，因此对少自由度（2～5 自由度）的研究已成为国内外学者的研究热点，其中三自由度并联机构的研究更为广泛。瑞士学者 Clavel 在 1988 年提出了一种四杆三自由度 Delta 移动并联机构[17]（见图 1-3），该机构已成功应用在工业装配线上，并被视为三自由度移动并联机构的一个里程碑。而后，美国马里兰大学学者 Tsai 在 1996 年将 Delta 机构做了进一步改进，发明了 Tsai 氏空间移动并联机构[18]，如图 1-4 所示。1994 年，加拿大学者 Gosselin 发明了一种称为“灵巧眼”的摄像机自动定位装置[19]，该机构亦为三自由度转动并联机构，如图 1-5 所示。并联机构还用于航天飞船的对接装置，它由六个直线式电机驱动，可以实现主动抓紧、锁紧、柔性对接等动作，此类装置在航海中也有应用，在海上救援过程中，也用此类装置作为对接器，图 1-6 为俄罗斯研制的飞船对接装置。

图 1-1　Gough 并联机构

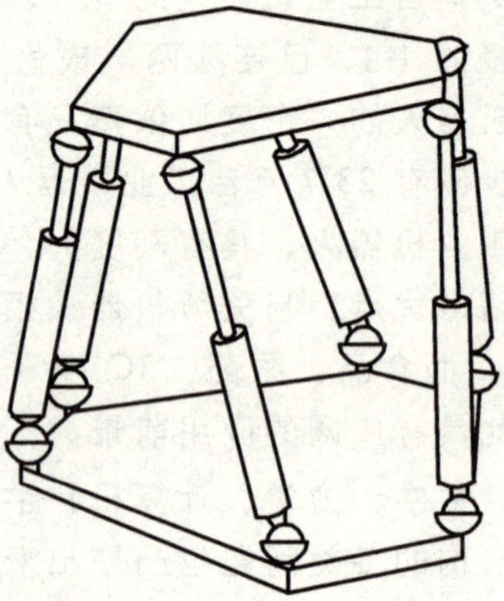

图 1-2　Stewart 并联机构

在国内，早在 20 世纪 80 年代黄真教授就率先开始了并联机构的前瞻性研究[20，21]（当时国际上研究并联机构的学者寥寥无几），并在 1991 年研制出我国第一台六自由度并联机器人样机，在 1994 年首次研制出以柔性铰链代替球副的六自由度并联机构补偿器[22]，如图 1-7 所示。此外，我国学者杨廷力、高峰教授等在并联机器人机构学领域也取得了重要进展，例如他们分别提出了基于方位特征集和 G_F 集的型综合法[23，24]，高峰课题组还研制出了并联机构的六维鼠标[25]，如图

1-8 所示。此外，国内学者在机构性能分析方面也做出了大量有意义的工作，但仍有很多问题需进一步研究。

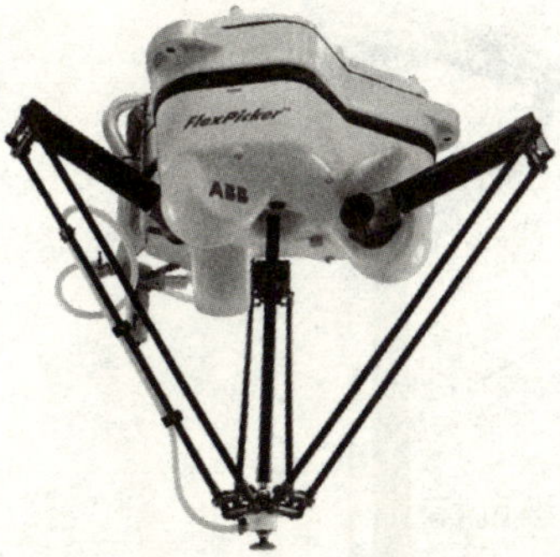

图 1-3　3 自由度 Delta 移动并联机构

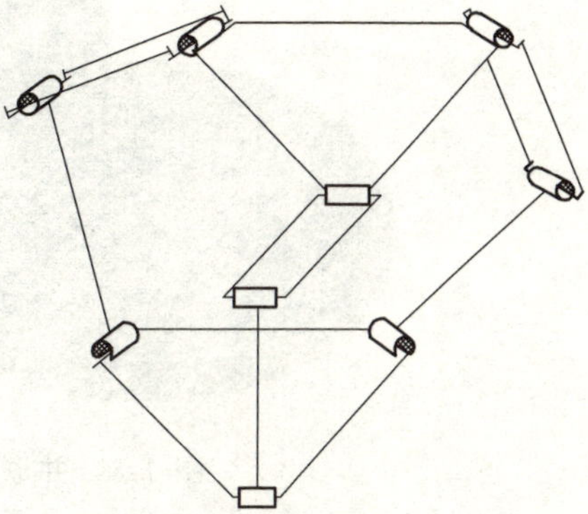

图 1-4　Tsai 氏移动并联机构

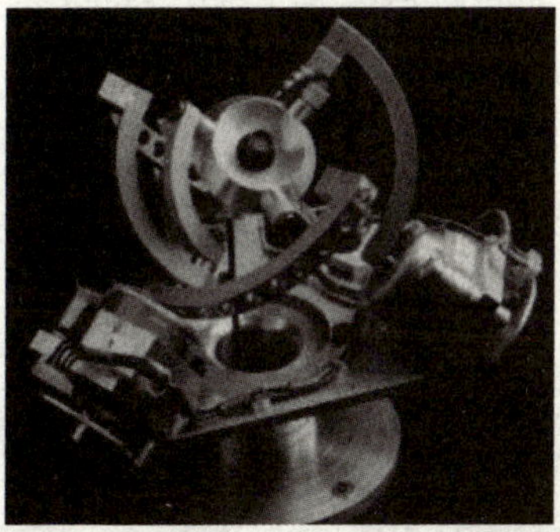

图 1-5　灵巧眼

图 1-6　俄罗斯飞船对接装置

图 1-7　六自由度并联机构补偿器

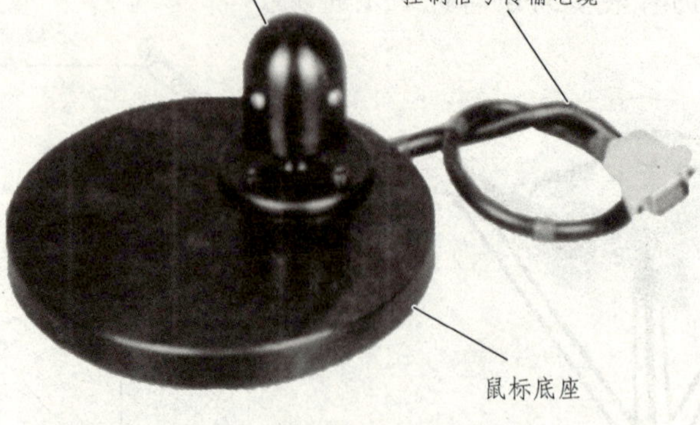

图 1-8　并联机构六维鼠标

并联机构在军工和民品已有应用，主要领域有：

(1) 运动模拟器。这是并联机构较早的应用领域，如 Frasca 公司研发的 MBB BO105 并联机构飞行训练装置，如图 1-9 所示。德国 Daimler-Benz 公司制造的超大型六自由度 Stewart 运动平台多媒体动态驾驶模拟器，体现了国际并联机构的研究和应用水平，如图 1-10 所示。在我国，星光凯明动感仿真模拟器中心也从事运动模拟器的研发工作。

图 1-9　MBB BO105 型飞行训练装置

图 1-10　多媒体动态驾驶模拟器

(2) 并联机床。并联机构在机床研发、生产领域已有广泛应用。并联机床又称虚拟轴机床，是机床工业发展水平的重要指标。1994 年，Giddings&Lewis 公司在美国芝加哥举办的 IMTS 博览会上展示了

VARIAX 并联机床，标志着并联机构已应用于机床行业，如图 1-11 所示。此外，瑞士和德国等欧洲国家也相继研制了一批高性能并联机床。在国内，沈阳自动化研究所、清华大学、哈尔滨工业大学、河北工业大学等单位也开发了一些并联机床，图 1-12 为河北工业大学研制的五轴并联机床。

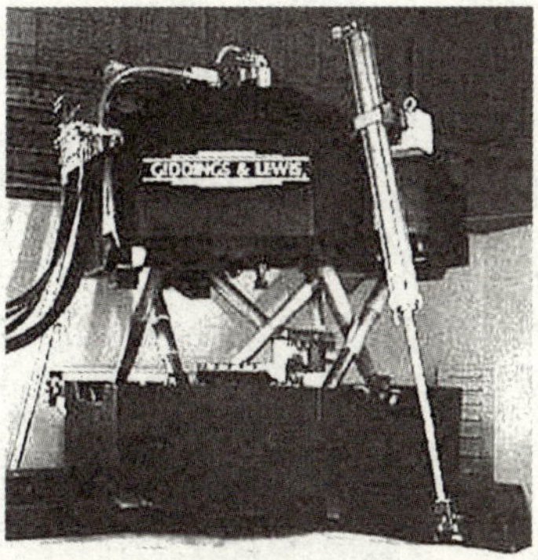

图 1-11 VARIAX 并联机床

图 1-12 河北工业大学的五轴并联机床

（3）机器人。并联机器人在航空航天、医学工程等领域也有应用，它具有与串联机器人优势互补的关系，适合于重载、高精度等场合。Tricept 和 Delta 是最为成功的并联机器人，图 1-13 和 1-14 分别是这两种机器人在生产线上的应用。

图 1-13 Tricept 并联机器人

图 1-14 Delta 并联机器人

此外，并联机构还用于医疗器械、外科手术、天文望远镜、农业和工程机械等领域。

1.2 少自由度并联机构型综合及性能分析研究进展

目前，国内外学者已经提出了很多 2～6 自由度的并联机器人机构。根据法国人 Merlet 的统计：在已经公开的并联机器人机构构型中，三、六自由度机构大概各占 40%，四自由度的约占 6%，五自由度的约占 3.5%，二自由度的约占 10.5%[26]。从以上数据可以看出，四、五自由度的并联机构在已公开的机构构型中所占的比重较低，而这两类并联机构有广阔的市场前景。

少自由度并联机构是机器人家族中的重要组成部分，实际需求也日渐增多，且其自身具有结构简单紧凑、驱动元件少、成本低、实用经济和控制相对容易等优点。并联机构的构型设计、性能分析和应用研究是三个热点问题，三者是相辅相成、不可分割的[26]，构型设计实际是新机构的综合问题，这个过程属于机构创新设计；性能分析包括奇异位形分析、工作空间分析、运动学和动力学分析等内容。求解机构各构件运动过程中的受力变化是机构性能分析的关键，无论是已有机构构型还是新综合出的机构构型，完成不同轨迹条件和不同尺度下的受力分析是机构实用化的前提，但进行动力学分析之前，需要完成机构奇异性、工作空间和运动学分析等工作。

与串联机构相比，并联机构的构型设计是一个更具挑战性的工作。另外，串联机器人在自由度减少后，机构的运动分析方法和思路一般不变，计算往往更为简单。并联机构却并非如此，由于机构输入与输出数学关系的复杂性，自由度减少未必会降低分析难度，有时还会使问题更加复杂。

1.2.1 少自由度并联机构型综合研究

并联机构型综合可以定义为：为了得到满足某种预期自由度的机构而实施的一种机构设计行为，包括连杆的形状和数量设计，运动副的数量、类型以及空间位置设计。时至今日，国内外学者已综合出了很多的少自由度并联机构构型，一些机构已申请了专利，推动了机构学的发展。型综合与机构自由度分析密不可分，目前型综合的方法主要包括螺旋理论综合法、基于群论的位移群综合法、基于运动输出的型综合法和基于自由度计算公式的列举法。

1. 螺旋理论综合法

螺旋理论起源于 19 世纪[27]，是研究并联机构的一个重要数学方法，在少自由度并联机构型综合领域取得了巨大成功，在并联机构性能分析方面也有举足轻重的作用。1996 年，黄真等利用螺旋理论综合了多种三自由度立方体并联机构[28]，在 1997 年又用螺旋理论综合出 3-RRRH 三维移动并联机构[29]。Huang[30]、Gosselin[31]、Fang 和 Tsai[32] 均采用螺旋理论得到了大量少自由度并联机构。文献[33]利用螺旋理论研究了三移动并联机构的型综合。文献[34]研究了三转动一移动并联机构的型综合。文献[35]研究了两移动一转动完全各向同性并联机构的型综合。文献[36]研究了三自由度球面并联机构的综合理论。文献[37]研究了三自由度移动并联机构的综合理论。文献[38]研究了五自由度并联机构的综合理论。

2. 基于群论的位移群综合法

Hervé 和 Angeles 是较早利用位移群研究并联机构型综合问题的学者。刚体在空间的所有运动可以构成一个具有群的代数结构的集合，这个群是位移群。位移群综合法是利用所有分支运动生成的位移子群的交集来得到并联机构运动平台运动生成的位移子群。文献[39]提出了基于群理论的位移流形少自由度并联机构综合理论。文献[40]采用位移子群综合了一类三自由度并联机构。文献[41]利用位移流形型综合法研究了三自由度并联机构。文献[42]提出了位移流形方法研究了移动并联机构的型综合。文献[43]利用位移流形研究了转动并联机构的型综合。文献[44]利用位移群理论研究了三移动并联机构的型综合。文献[45]利用位移群理论综合出了三种两移动一转动并联机构。

3. 基于运动输出的型综合法

我国学者杨廷力在基于运动输出的型综合法方面做了深入的研

究，综合出多种新型并联机构。该方法以单开链支路为基本综合单元，首先综合单开链，然后对这些单开链所允许的运动类型求交集，从而确定运动平台的自由度，综合出所期望的并联机构。文献[46]以单开链为单元，提出了综合三自由度并联机构的方法。文献[47]研究了三移动并联机构的型综合。文献[48]提出了基于自由度分配和方位特征集的混联机器人机型设计方法。文献[24]提出的基于 G_F 集的型综合方法也属于此类。

4. 基于自由度计算公式的列举法

从目前发展趋势来看，列举法已较少使用，文献[49]利用列举法对三自由度移动并联机构进行了型综合分析。文献[50]利用列举法对三自由度转动并联机构进行了型综合分析。文献[51]利用列举法综合了一类三自由度并联机构。基于群论的位移群综合法需要较深的理论；螺旋理论综合法使用较为广泛。

上述方法在四自由度并联机构型综合方面也有广泛应用。四自由度并联机构可以有 3T1R、2T2R 和 1T3R 三类，第一种对称的四自由度并联机构是由 Pierrot 和 Company 提出的（H4 并联机构）[52]。在 2000 年，黄真，赵铁石提出了约束螺旋综合理论的思路，少自由度并联机构型综合的螺旋法以及输入选择原理[53]，并首次综合出分支中不含闭环子链的 3T1R 四自由度对称的 4-URU 并联机构。Zlatanov 等在 2001 年提出了第一种对称的 1T3R 并联机构[54]。Li 等在 2003 年提出了第一种对称的 2T2R 四自由度并联机构[55]。近年来，一些年轻学者在型综合方面也做了很多工作，综合出了大量有特点的新机构。文献[56]研究了对称四自由度并联机构的型综合。文献[57]提出了一种 2-TPR/2-TPS 四自由度并联机构。李秦川等在 2008 年提出了变自由度且对称的四支链并联机构[58]。文献[59]综合出了大量无奇异完全各向同性的 2T2R 四自由度并联机构。文献[60]利用李群理论也综合出了一类 2T2R 四自由度并联机构。

螺旋理论和基于群论的位移群综合法使用较为广泛，但刚体的很多运动不具备群的代数结构，如两移动三转动（2T3R）、三移动两转动（3T2R）、一移动三转动（1T3R）等运动特征无相应的位移子群。由于运动螺旋和力螺旋可能具有瞬时性，它们只能描述物体瞬时状态下的运动和约束，所以螺旋理论综合法需要对机构进行非瞬时性判别。

对称并联机构的综合是型综合的难点，尤其是四自由度并联机构，其中第一种由简单串联链构成的对称四自由度并联机构在2000年提出，第一种对称的一移动三转动（1T3R）并联机构是在2001年提出的[61]，第一种两移动两转动（2T2R）并联机构是在2003年提出的[62]。这类对称并联机构的特点是各支链都提供约束螺旋，一般来说，机构支链数与自由度数相同。另外，无论采用哪种方法，综合机构基本是以寻找更多的、尽量找到所有可能的构型为目标，几乎没有关注不同机构之间的联系；不同运动特征甚至具有同一运动特征的机构，结构相差都会很大，不利于机构的实际应用。

1.2.2 并联机构奇异性研究

奇异性是机构的固有属性，也是衡量机构性能最为重要的内容。在进行机构分析研究时，奇异位形是诸多问题中应首先考虑的问题，也是运动学和动力学问题研究的基础，并对机构设计起决定性作用。串联机构处于奇异位形时，其末端将失去自由度；并联机构处于奇异位形时，末端往往是获得瞬时自由度。早在20世纪70年代，Whitney[63]就认识到了奇异位形严重影响机器人的控制，并提出了增加机构自由度规避奇异；Dizioglu[64]和J. Eddie Baker[65]也在同时期研究了机构的特殊位形和奇异位形。对于串联机构的奇异位形研究已相对成熟[66，67]，Hunt[68]在1983年开始研究并联机构奇异位形，是较早研究并联机构奇异位形的学者之一。近年来，研究机构奇异的方法相对固定，主要有几何法和代数法两种：

1. 几何法

几何法通常是依据Grassmmn线几何原理判断机构的奇异位形，主要是探讨奇异机理等理论研究，具有明确的物理意义且形象直观，对理解和研究机构的特殊构型非常重要，但运算性较差，不能对奇异性进行全面分析，对复杂机构进行奇异分析较困难，经验依赖比较严重。

文献[69]首次采用Grassmann线几何判断Stewart并联机构的奇异

位形，后来有学者采用此方法研究了不同结构 Stewart 平台的奇异位形[70, 71, 72, 73]。文献[74]研究了 3-UPU 和 Delta 并联机构的奇异。文献[75]研究了一种三自由度并联机构的奇异位形。在国内，黄真在这方面做了大量工作[76, 77]，为奇异性的研究奠定了基础。

2. 代数法

在实际应用中，机构在整个工作空间内的工作状况是我们更为关注的，需要得到奇异位形与结构参数和位姿参数的关系。从理论上来说，代数法根据 Jacobian 矩阵可以得到明确的奇异位形与结构参数和位姿参数的关系，而几何法却对经验依赖严重，因此代数法的应用更为普遍。无论是串联机构还是并联机构，运用代数法研究奇异位形都是可行的。代数法是根据机构输入/输出的 Jacobian 矩阵是否满秩判断机构的奇异位形。当 Jacobian 矩阵的行列式等于零，机构的速度反解不存在，此时机构处于奇异位形，这种方法是最为一般的判断方法，逻辑性强，不易受主观判断的影响，但不足之处也是显而易见的，由于大多并联机构输入输出关系方程的强耦合特性，且 Jacobian 矩阵很复杂，在这种条件下判断矩阵降秩的条件则显得非常困难，这也是制约该方法使用的主要因素。

基于代数法，Gosselin 和 Angeles 依据机构的速度约束方程，又把奇异分为边界奇异、位形奇异和结构奇异[78]。Gregorio 根据正、逆运动学，把奇异分成正向奇异和逆向奇异[79]。O'Brien 提出末端奇异和驱动奇异的研究方式[80]。Zlatanov 基于螺旋的相关性，提出约束奇异[81]。

早期的并联机构奇异性研究很多是围绕 Stewart 运动平台展开的，随着少自由度并联机构研究的深入，这类机构的奇异性也引起了学者们的关注。与 Stewart 运动平台相比，通过其改进的四自由度并联机构的输入和输出较少，运动特征多样，奇异位形表现形式也会更丰富。Gosselin[82]和 Fang[83]等分别研究过四自由度并联机构的奇异性问题。Gosselin 采用的方法是对约束方程进行求导，分析 Jacobian 矩阵，得到一些四、五自由度并联机构的奇异位形；Fang 通过研究四自由度并联机构的输入关系，对 Jacobian 矩阵分块，研究机构的奇异位形；Wolf 采用线几何法判断奇异位形；文献[84]对选择不同输入条件下的

3-RRUR 和 4-RRUR 两种四自由度并联机构进行了奇异性分析，发现了输入对机构奇异性的影响。文献[85]分析了一种新型 3T1R 四自由度并联机构的奇异性。文献[86]发现了 H4 并联机构的三种新奇异位形。

奇异性直接决定了机构是否可控，更重要的是，当机构处于奇异位形时，机构构件受力和驱动力会出现异常，严重时机构会被破坏。因此，奇异位形的研究是机构实用化必须完成的工作。

1.2.3 并联机构工作空间及优化分析

工作空间是衡量并联机构运动性能的重要指标，是机构工作能力的重要体现。众所周知，并联机构受运动副约束、支链干涉和位姿耦合等因素的影响，存在工作空间较小的不足，直接影响机构的应用。近年来，很多国内外学者把分析结构参数的变化对工作空间的影响作为机构学的重要研究内容，找出影响工作空间的敏感要素，以优化构型参数。求解机构工作空间的方法主要有：

1. 作图法

作图法可以避免烦琐的数值计算，求解过程也较简明，但人为因素影响很大，精度低，同时不便于尺度优化。使用这种方法进行工作空间求解的文献已不多见。文献[87]采用作图法求得了一种 3-RRC 并联机构的工作空间。

2. 数值法

数值法是目前计算工作空间较为普遍的方法，典型的数值法主要有网格法、Jacobian 法、Monte Carlo 法等，很多文献均采用此方法分析机构的工作空间。数值法很难确定各参数与工作空间的直接函数关系，使用该方法只能发现机构尺度与工作空间区域大小的近似变化趋势，计算精度不如解析法。文献[88]分析了一类可重构并联机构的工作空间。文献[89]求解了五自由度并联机构的工作空间。文献[90]研究了六自由度并联机构的工作空间。文献[91]研究了 6-PRRS 并联机构的工作空间。

3. 解析法

与其他方法相比，解析法求解最为精确，是理想的求解方法。但解析法推导过程烦琐，不具有通用性，只有某些特殊的机构可以求解。解析法可以得到机构尺度与工作空间的直接关系，易于尺度优化。文献[92]采用解析法得到了 Delta 并联机构的工作空间。

随着计算机硬件技术的发展，计算速度大大提高。由于大多数并联机构的工作空间解析表达式很难求得，数值法的使用越来越广泛，利用不同的数值方法求解工作空间已成为首选方法。

在给定运动平台姿态角的条件下，3T1R 四自由度并联机构运动平台中心点的工作空间轨迹分布于三维空间；2T2R 四自由度并联机构运动平台中心点的工作空间轨迹位于一个面内；1T3R 四自由度并联机构运动平台中心点的工作空间轨迹则为一条线。文献[93]利用数值法求解了 4-PTT 四自由度并联机构的工作空间边界。文献[94]分析了一种新型 3T1R 四自由度并联机构的工作空间。文献[95]计算了 RRPU+2UPU 四自由度过约束并联机构的工作空间。上述文献基本是利用数值法得到工作空间的。3T1R 和 2T2R 四自由度并联机构的工作空间往往是不规则的几何体，空间内还可能出现空洞，求解工作空间大小比较烦琐。

一些学者也开始关注工作空间与结构参数优化问题。文献[96]采用数值法得到了 6-PSS 并联机构的工作空间，并分析了参数对工作空间的影响。文献[97]以 6-PSS 并联机构为例，对比了不同算法的性能。由于并联机构自身存在工作空间小的不足，在不改变机构总体尺度的条件下，获得较大的工作空间是并联机构设计追求的目标之一。

1.2.4 并联机构的性能评价指标分析

机构在实际操作中不仅应避免处于奇异位形附近，而且还应该在远离某些特殊区域工作。当机构处于某些特殊的位置时，Jacobian 矩阵或 Hessian 矩阵都有可能出现病态，输入和输出之间传递关系失真。早期的性能评价主要是依据 Jacobian 矩阵，根据条件数和范数来评价机构的各向同性和灵巧性。Jacobian 矩阵可以反映机构的输入速度对输出速度的影响，也可以反映驱动力对承载力的影响，但无法反应机构的动态性能。随着机构向高速、高精度方向发展，动力学性能指标成为评价机构运动性能的关键，学者们开始注重机构的 Hessian 矩阵，这样可以很好地分析机构的动态性能。同时，为了更加客观地评价机构的速度、加速度和惯性力等性能，学者们还提出了各种性能评价指标分析方法。

研究机构的运动性能，首先要建立机构的影响系数矩阵，矩阵与机构的运动速度和加速度无关，只与运动学尺度和输入有关，反映了机构的位形参数。建立影响系数矩阵的方法主要有：

1. 影响系数法

影响系数法需知道机构的具体位置，在求得各矢量的条件下建立。虽然影响系数法形式简单，但与位置方程的关系不直观，物理意义不易理解。利用影响系数法建立的影响系数矩阵与运动参数无关。文献[98]利用该方法研究了 LR-Mate 机器人的动力学性能。

2. 虚设机构法

虚设机构法是 1985 年提出的[99]，支链中的运动副大多数是少于六个的，将这些支链虚设为六个运动副，令这些虚设的运动副输入为零，从而得到影响系数矩阵。文献[100]利用此方法建立了 2-RUUS 机构的影响系数矩阵。文献[101]分析了 3-RPC 并联机构的动力学性能。

3. 求导法

求导法是对机构的位置关系方程求一阶和二阶导数得到影响系数矩阵。与影响系数法和虚设机构法相比，这种方法烦琐，但物理意义明确，便于理解。更重要的是，利用这种方法建立的机构影响系数矩阵可以很好地表示机构运动学的输入输出关系。矢量法是根据位置矢量表达式，通过求导得到影响系数矩阵，可以认为是求导法的一种，这种方法多用于杆件比较少的并联机构。文献[102]分析了两种 3 自由度并联机床的动力学特性。文献[103]研究了一种 8-PSS 冗余并联机构，并提出了新的评价指标。

1982 年，Salisbury[104]等采用 Jacobian 矩阵条件数研究了机构的运动性能。1983 年，Asada[105]采用广义惯性椭球研究了机器人动态性能特性。文献[106]指出目前评价机构的性能指标主要有两个：一个是可操作度，另一个是灵巧度，但这两个指标都没有考虑转动和移动的量纲。1991 年，Gosselin[107]提出了基于 Jacobian 矩阵条件数的全域性能指标。文献[108]建立了转动和移动 Jacobian 矩阵，研究了机构的速度性能指标。文献[109]指出并联机构的主要任务是传递力/力矩，而其灵巧性不如串联机构。文献[110]提出了研究并联机构加速度和灵巧度的性能指标。文献[111]研究了 Tricept 并联机构的局部条件数。文献[112]研究了一种六自由度和一种三自由度并联机构的性能指标。文献[113]研究了并联机构加速度和灵巧度的性能指标。

Gosselin 研究了四自由度并联机构的性能指标[114]。文献[115]利用虚设机构法和影响系数法建立了 4-RR（RR）R 并联机构的 Jacobian 和 Hessian 矩阵，研究了机构的动力学性能指标。文献[116]利用虚设机构法研究了 4-RPR 并联机构性能指标，得到了机构杆件尺寸对性能的影响规律。文献[117]利用求导法分析了 4-SPS-1-S 并联机构的承载力和驱动性能两类动力学性能指标。四自由度并联机构既存在转动自由度，也存在移动自由度，不同量纲的线速度、角速度、线加速度和角加速度应分别研究。机构的性能评价指标分析不仅对结构设计具有重要意义，而且对机构运动轨迹规划具有指导作用。

1.2.5 并联机构的运动学分析

机构运动学研究主要包括位置分析、速度和加速度分析三方面内容，是动力学分析的基础。与串联机构相比，并联机构的逆运动学分析简单，正运动学分析复杂。从研究现状来看，学者们更为关注并联机构的运动学问题，其在机构运动标定、输出误差分析和轨迹控制等方面都需要获得机构的位置正解。并联机构位置正解是指已知机构输入的空间方位矢量，求解并联机构输出的广义坐标，往往需要解一组强耦合非线性方程组，非常复杂。并联机构位置正解是国内外学者研究的热点，很多学者都曾关注过并联机构强耦合位置关系方程，试图得到机构位置正解的解析表达式。经过长期研究表明，某些特殊的并联机构可以得到位置正解的解析解，但大多数并联机构位置正解的解析表达式是很难得到的。

早在20世纪80年代，很多学者就已经开始了并联机构位置正解的研究工作，并联机构位置正解方法主要有：

1. 传统算法

数值法和解析法是并联机构位置正解的两种基本方法。通过迭代计算，可以较容易地得到非线性方程的近似解，解析法可以得到全部精确解。

传统的数值算法是先给定一个初值，从这个初值开始，反复迭代，直到第 n 次和第 $n+1$ 次结果的差值满足所给定的精度要求。这种算法的优点是数学模型比较简单，省去了烦琐的数学推导，但这种方法的计算量大、速度慢且存在迭代结果发散的风险，更为显著的是，计算结果和精度对初值敏感，如果数值解法的初值选取不当，就可能得不到正确的位置解。此外，还会出现无法求得所有位置解、算法不稳定、过分依赖初值、计算量大和求解速度慢等问题。

典型的迭代算法有 Newton-Raphson 法、同伦迭代法和齐次化法等。文献[118]采用同伦迭代法给出了并联机构的40组位置正解。文献[119]采用 Newton-Raphson 法求4-TPS/1PS并联机构的位置正解。文献[120]利用同伦迭代法得到了6-SPS并联机构的位置正解。文献[121]利用齐次化法得到了6-SPS并联机构的位置正解。目前对此类算法的研究集中在两个方面：一是如何对方程组降维、减少计算次数和降低求解难度；二是如何保证无增根亦不失根。

解析法是通过消去机构位置方程中的未知参数，使方程中仅含有一个未知参数的高次方程，其特点是不需初值并可求得全部解，能避免奇异问题，输入输出的误差效应也可定量表示，但数学推导复杂，限制了方法的应用。目前，大多数并联机构构型的位置正解尚无完备的解析法。

解析法包括矢量代数法、几何法、矩阵法、对偶矩阵法、螺旋代数法和四元素代数法等[122]。文献[123]采用消元法得到了6-6型 Stewart 并联机构的40组位置正解。文献[124]给出了 Stewart 并联机构的封闭解，而且给出了各种构型的正解最大数量。文献[125]研究了三角平台式并联机构的封闭解。文献[126]利用机构转化法求解了并联机构的封闭解。解析法的主要研究应集中在选择简单、通用的方法建立机构的正解模型。

2. 智能算法

随着智能计算技术的发展，一些不易求解的数学问题有了新的解决途径。并联机构位置正解需要求解一组强耦合非线性方程组，学者们采用了近年来发展迅速的智能算法来解决此类问题。

神经网络（ANN）是模拟生物神经网络进行信息处理的一种数学模型，被证明是处理高度非线性的有效方法，具有不需要给出系统输入/输出之间显式数学表达式的优点。ANN 是由大量简单的神经元相互连接组成复杂的自适应非线性动态系统。单个神经元的结构和功能比较简单，但大量神经元组合而成的系统具备高度的并行处理能力。文献[127]采用了该算法求解。用神经网络求解位置正解有两个问题需要解决：一是神经网络拓扑结构的设计；二是对构建的神经网络用相应的算法进行学习和训练。

遗传算法是由美国 Michigan 大学的 Holland 教授于 1975 年首先提出的[128]，算法借鉴了生物界的自然选择和遗传机制，它源于达尔文的进化论、孟德尔的群体遗传学说和魏茨曼的物种选择学说。遗传算法的基本思想是模拟自然界遗传机制和生物进化论而形成的一种过程搜索最优解的算法，在解决实际工程优化问题时要考虑参数编码、初始种群产生、适应度函数的建立和遗传操作等问题。文献[129]使用了该算法分析了 Stewart 并联机构的位置正解。该算法存在收敛速度慢、易于陷入局部最优等问题，尤其是优化参数较多时，不足之处更为明显。

粒子群优化（Particle Swarm Optimization，PSO）算法是基于群体的进化计算，其思想来源于人工生命和演化计算理论，最初由 Kennedy 和 Eberhart 在 1995 年提出[130]。与遗传算法类似，PSO 算法也是基于群体迭代的启发式算法，但在搜索过程中没有依靠经验的选择、交叉、变异操作，它是通过个体间的行为交互。PSO 算法与神经网络相比，在提高精度的同时加快了训练收敛速度[131]。PSO 算法易于实现并且需要调整的参数少，对处理高维问题具有一定的优势。

该算法概念简单且容易实现，短期内得到了快速发展并得到了国际进化计算领域学者的关注，同时在很多领域被广泛应用；不足之处是当函数为高维且多峰值时，容易陷入局部最优，有早熟的可能。针对上述问题，很多学者对 PSO 算法提出了改进。文献[132]提出了一种自适应学习的 PSO 算法，文献[133]提出了一种多目标时变 PSO 优化算法（TV-MOPSO），文献[134]提出了一种具有量子行为的 PSO 算法，文献[135]把 PSO 算法用于神经计算来优化网络结构。PSO 算法正向处理高维多目标的方向发展。

国内外学者在并联机构运动学分析方面也做了很多有意义的工作，研究了许多六自由度和少自由度并联机构的正运动学和逆运动学问题，包括机构输入与输出之间的速度和加速度关系。在四自由度并联机构运动学分析方面，文献[136]对 4PUS+1PS 并联机构进行了运动学分析。文献[137]利用螺旋理论确定了机构的驱动方案，建立了四自由度 3-RRUR 并联机构的运动学方程。文献[138]对一种具有 3T1R 四自由度的 4-RUPR 并联机构进行了运动学分析。文献[95]对 RRPU+2UPU 四自由度过约束并联机构进行了运动学分析。

1.2.6 并联机构的动力学分析

机械系统动力学问题是近年来研究的热点。机构动力学问题的研究有两种分类方法：一种是按分析水平，将问题分为静力分析、动态静力分析和弹性动力分析等。静力分析是研究在静止或低速运动状态下，不计惯性力，研究机构的输入力/力矩以及各运动副的约束反力。动态静力分析考虑了各构件的惯性力，研究机构的输入力/力矩以及各运动副的约束反力。弹性动力分析不仅考虑各构件的惯性力，还需考虑构件的弹性变形。另一种是按任务的不同，将问题分为动力学正问题和动力学逆问题。动力学正问题是已知机构的输入和工作阻力，求解机构的运动规律。动力学逆问题是已知机构的运动规律和工作阻力，求解机构的输入及运动副反力。

机构的动力学建模方法主要有 Lagrange 法、Kane 方法、虚功原理、旋量法和 N-E 法等。这些建模方法中一类不含运动副约束反力，其维数等于机构广义坐标数目；另一类含运动副约束反力，维数远大于机构的广义坐标数目。Lagrange 法是以动能和势能为基础的能量平衡方程，该方法具有系统性强、表达紧凑、物理意义明确等优点，是目前使用较多的方法之一。但 Lagrange 法建模时无法考虑构件之间的相互作用力，故单纯使用该方法不能获得各运动副约束反力/力偶的相关信息。Kane 法主要是运用矢量的投影变换将主动力以及惯性力投影到广义速度方向建立动力学方程。虚功原理既可以建立含运动副约束反力的动力学方程，又可以建立不含运动副约束反力的方程，但前者的物理意义没有 N-E 法明确。N-E 法是将各构件分离，其动力学方程是基于达朗贝尔原理，是力和力矩平衡方程的组合，模型中包含构件的约束反力，尽管方程维数较大，但可以得到机构的全部受力信息。

并联机构动力学研究以六自由度 Stewart 平台为研究对象的文献相对较多。文献[139]、文献[140]和文献[141]分别利用 Lagrange 方程、Kane 方程和 N-E 法建立了六自由度并联机构动力学方程。文献[142]利用虚功原理建立了 Stewart 平台在低速运动条件下的动力学方程。随着学者们对少自由度并联机构的关注，这类机构的动力学研究逐渐增多。文献[143]利用 Lagrange 方程建立了 3-RRC 并联机构的动力学模型。文献[144]利用 Lagrange 法推导了 3-RRS 并联机构的动力学方程。文献[145]利用 N-E 法对 3-RPS 并联机构进行了逆动力学分析。文献[146]利用 Lagrange 法研究了 3-PRS 并联机构的动力学特性。

在四自由度并联机构动力学研究方面，文献[147]采用 Lagrange 方程建立了 4TPS-1PS 四自由度并联机构的动力学方程。文献[94]利用 Lagrange 方程分析了一种新型 3T1R 自由度并联机构的动力学问题。文献[95]对 RRPU+2UPU 并联机构进行了静力学分析。文献[148]利用 N-E 法对 2UPS-2RPS 并联机构进行了逆动力学分析。

过约束是少自由度并联机构普遍存在的现象，也是机构动力学求解的难点。当机构存在过约束时，独立方程数少于未知数数目。目前解决这类问题的办法是通过补充方程（变形协调方程）解出全部未知量[149, 150]，但这类方程需要通过观察分析后固化机构得到，不具有普遍性，至今也未能很好解决。

研究并联机构动力学需注意如下几个问题：首先，机构要绝对避免通过奇异点，严重时会造成机构的破坏；其次，要合理规划机构的运动轨迹，确保各轨迹点为可达区域，同时良好的运动路径能改善机构受力。对于某些特殊的位置，会出现输入和输出关系失真，这些位置也是需要避开的。

1.3 本书主要研究内容

本书研究少自由度并联机器人的机构分析方法，以一类四自由度并联机器人为例，通过改变与机构平台相连的运动副或运动副轴线空间方位以及约束从动支链结构，演变出 4-UPU、4-UPS 和 4-SPS 四自由度并联机构。这些机构的驱动支链结构相似、驱动方式相同，支链结构已成熟应用，驱动元件少，运动耦合相对较弱。与一些型综合方法相比，构型演变得到的机构目的性更强，并且通过简单的拓扑变换得到的机构更具实用性，提高了新机构的诞生效率，降低了机构的制造成本。因此，通过构型演变而得到结构相似的机构的研究具有理论意义和实际应用价值。本书研究内容主要有：

第 1 章回顾并联机构在国内外的研究进展及主要应用领域；分析并联机器人机构型综合和性能分析的研究进展，明确有待进一步研究的问题，确定了研究对象和内容。

第 2 章确定以 Stewart 平台的改进机构为研究对象，去掉两条驱动支链，改变与平台相连的运动副，利用螺旋理论分析了不同结构驱动支链的运动螺旋和约束螺旋，得到了驱动支链的合理结构，即 4-UPU、4-UPS 和 4-SPS 并联机构。根据驱动支链数量，确定运动平台为四自由度，得到了约束从动支链的结构，综合出三类四自由度并联机构（3T1R、2T2R 和 1T3R）。限于机构表示方法的局限性，在现有表示方法的基础上，进一步制定了并联机构的代号表示规则，为机构的标准化符号表示提供了借鉴。

第 3 章研究并联机构的奇异位形；通过型综合得出的并联机构运动特征多样，根据输入输出位置关系方程，得到不同运动特征机构的

Jacobian 矩阵，提出采用循环计算得到机构奇异点；根据奇异点的分布规律，得到四自由度并联机构的奇异位形，发现了两种 3T1R 机构全局奇异，部分机构还存在初始奇异，发现了并联机构可以具备的运动特征以及不同运动特征机构的奇异规律。

第 4 章分析并联机构工作空间的典型求解方法，提出了适用于强耦合的少自由度并联机器人机构的基于“点集”的工作空间区域大小的计算方法和工作空间边界的求解方法；引入敏感度概念，利用数值法计算不同并联机构构型的工作空间，得到了影响工作空间区域大小的各参数的敏感度，为机构尺度选择提供了依据。

第 5 章根据机构现有的运动性能评价指标，推导出 4-UPU、4-UPS 和 4-SPS 并联机构的一阶和二阶影响系数矩阵。由于四自由度并联机构的速度和角速度、力和力矩等指标的量纲不同，将一阶影响系数矩阵分离，研究矩阵的条件数；二阶影响系数矩阵为三维矩阵，提出采用“分层”研究的方法研究矩阵的条件数，并得到了与其有关的性能指标图谱，为设计出性能较好的机构提供了依据。

第 6 章建立 4-UPU、4-UPS 和 4-SPS 并联机构的运动学关系方程；采用改进的 PSO 算法搜索位置正解初值，对精度较低的初值继续采用迭代法计算，得到了不同运动特征并联机构的高精度位置正解；在给定输入运动轨迹的条件下，利用传统的数值算法得到了机构运动平台中心点的位置、速度和加速度变化规律。

第 7 章分析 4-UPU、4-UPS 和 4-SPS 并联机构构件的受力，采用 N-E 法（牛顿-欧拉法）建立了机构的含驱动摩擦的动力学方程；根据独立平衡方程数与未知量数，将机构分为静定机构、含局部自由度机构和过约束机构；给定机构的运动规律，通过编程计算得到了静定和含局部自由度机构的驱动力、运动副约束反力及其变化规律。

第 8 章利用 SimMechanics 对 4-UPU、4-UPS 和 4-SPS 并联机构进行仿真计算，通过设置模块参数，得到了不同结构的四自由度并联机构的仿真模型；给定输入运动规律，可以得到机构运动平台的运动规律、支链驱动力和运动副约束反力，从而验证计算结果的正确性；最后，举例说明了此类四自由度并联机构的应用前景。

第 9 章总结了本书的工作及需进一步研究的问题。

2 少自由度并联机构构型演变与符号表示

2.1 概 述

并联机构型综合方法一直是国内外学者关注的热点，通过改变运动副、添加约束支链的构型演变是诞生新机构的途径之一。目前，大多型综合文献基本是以得到尽可能多的构型为目标，很少考虑不同机构构型之间的联系。事实上，不同的使用环境对机构运动自由度要求是不同的，设计和制造这些不同运动特征的、结构差异又很大的机构成本很高。因此，在不改变机构整体结构和驱动方式的条件下，通过简单的构型演变得到新机构的方式是很有意义的。

本章首先以一类四自由度并联机构为例，详细描述了构型演变过程，对现有机构代号表示的局限性进行了阐述，补充了并联机构代号表示方法；基于螺旋理论，分析了不同结构驱动支链的运动和约束特征；基于构型演变，得到了不同驱动支链条件下的 3T1R、2T2R 和 1T3R 三类四自由度并联机构，为后续的机构性能分析奠定了基础。

2.2 并联机构构型演变描述

Stewart 平台是最早出现的典型的六自由度并联机构，由六个 SPS 支链和两个平台组成，本书以该平台为依据，阐述构型演变过程。为了得到四自由度并联机构，去掉两个 SPS 支链，剩下的四个支链各铰点按矩形方式安置。由于 SPS 支链对运动平台没有约束，而输入仅有四个，输出不确定，因此需通过加约束从动支链使机构具有输出可控。

改变与运动/固定平台相连的S副可以得到不同驱动支链的并联机构，这些机构属于Stewart并联机构的改进机构，也就是本文的研究对象。机构的各驱动支链可以为液压伺服阀控缸，还可以为直线电机等形式，固定平台与运动平台通过四条支链连接。支链与固定平台和运动平台的连接点为 A_i 和 B_i，连接点处的运动副可以为S副、U副或R副（图2-1中黑点所示）。在机构内部有一条结构不确定的、可以起约束作用的从动支链（如图2-1中虚线所示）。与很多四自由度并联机构构型相比，此构型的驱动支链构件数量少，仅含两个杆件，驱动方式是最为常见的形式之一，可以保证支链运动平稳且易于控制。为了保证机构结构的对称和良好运动性能，驱动支链结构应相同（与同一平台相连的运动副相同，运动副轴线空间方位应一致）。为了后续章节的分析，在机构的固定平台上建立固定坐标系 $\{O\}\text{-}Oxyz$；在机构的运动平台上建立动坐标系 $\{O'\}\text{-}O'x'y'z'$；O 和 O' 分别位于平台几何中心，各坐标轴方向如图2-1所示。

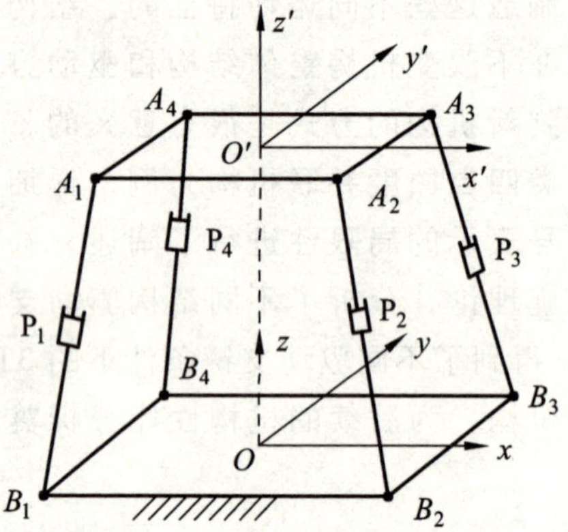

图 2-1　并联机构初始构型简图

2.3　代号表示方法分析

用简洁的代号表示机构是国内外学者关注的问题之一，它的任务主要是揭示机构构件之间的组合规律，甚至描述彼此之间运动学和动力学关系。由于并联机构空间结构复杂，目前仍缺乏能完善地表示机构拓扑结构信息的通用方法和标准，而现有的机构拓扑结构表示方式都很难全面反映机构的特征信息，如运动副的空间方位、构件之间的连接关系、驱动副的表示等问题。为了明确表示本文研究的并联机构，需对现有表示方法进行补充。

1. 运动副的代号表示方法

黄真[151]采用的是在运动副左上角加坐标标识描述支链，杨廷力[152]在支链中描述了运动副之间的空间位置关系，文献[153]提出了并联机构字符串描述方式，而机构的整体描述研究依然很有限。本文选取固定坐标系作为参考坐标系，确定机构支链各运动副轴线相对于参考坐标系的空间方位，运动副采用表 2-1 所示的代号表示方法。

表 2-1 运动副表示

运动副名称	自由度数	代号描述
移动副	1	P_x、P_y、P_z、P_{xyz}
球面副	3	S_{xyz}
转动副	1	R_x、R_y、R_z
万向节	2	U_{xz}、U_{xy}、U_{yz}

P、S、R、U 分别表示移动副、球面副、转动副和万向节，在运动副的下标处标出运动轴线（与固定坐标系各坐标轴重合或平行）。P_x 表示运动副沿参考坐标系的 x 轴或平行于 x 轴方向移动，P_{xy} 表示运动轴线为 x、y 轴方向的合成，P_{xyz} 则表示运动轴线为 x、y、z 轴方向的合成，即在三个坐标轴上都有运动分量；S 副具有三个空间转动自由度，因此只能表示为 S_{xyz}，说明运动副的运动为绕参考坐标系的 x、y、z 轴转动的合成，此运动副下标也可省略；R_x 表示运动副转动轴线平行或重合于参考坐标系的 x 轴，R_{xy} 则表示转动轴线为 x、y 轴的合成，R_{xyz} 表示转动轴线为 x、y、z 轴的合成，即在三个坐标轴上都有转动分量；U 副的表示规则与 R 和 S 副类似，只是自由度数不同。

2. 支链代号表示

图 2-1 所示机构构型包含四个 $B_iP_iA_i$ 的支链，恰当地描述这四个支链是解决机构代号表示的关键。A_i 和 B_i 处的运动副决定了机构的运动性质，因此需考虑不同运动副对机构自由度的影响。

支链由多个运动副串联而成，从与固定平台连接的运动副依次向运动平台描述。运动副下标表示运动轴线，如果运动副为驱动副（即机构的输入），在该运动副标注上标 D。

3. 整体代号表示

选固定坐标系 $\{O\}$ 为机构整体表示的参考坐标系，在进行总体描述时，运动支链前面的系数表示机构中存在几条结构相同的支链，同时用“/”代号将驱动支链和从动支链分开。如“$4\text{-}U_{xy}P_{xyz}^{D}U_{xy}/P_xP_yS$”并联机构构型的含义为：机构含四条 UPU 结构的驱动支链和一条 PPS 结构的从动支链。在驱动支链中，与固定/运动平台相连的 U 副的转动轴线平行于 x 轴和 y 轴；P 副为驱动副，运动轴线为 x、y 和 z 轴的合成。从动支链有两个移动副，轴线分别为 x 轴和 y 轴或与 x 轴和 y 轴平行，与运动平台相连的运动副为 S 副。

2.4 机构结构分析

2.4.1 四自由度并联机构运动特征分析

四自由度并联机构可以分为三类：具有一个移动和三个转动（1T3R）四自由度的并联机构、具有三个移动和一个转动（3T1R）四自由度的并联机构和具有两个移动和两个转动（2T2R）四自由度的并联机构。1T3R 四自由度并联机构运动平台失去两个移动自由度，受到两个约束力线矢的作用，是第二种约束螺旋二系；3T1R 四自由度并联机构动平台失去两个转动自由度，受到的反螺旋为两个约束力偶，同样是第二种约束螺旋二系；2T2R 四自由度并联机构动平台失去一个转动自由度和一个移动自由度，受到一个约束力偶和一个约束力线矢的作用，或受到两个共面平行的约束力线矢，为第一种约束螺旋二系。

三类机构的具体运动特征如下所示：

（1）3T1R 四自由度：

$$M^{3T1R_z}=(X_p \quad Y_p \quad Z_p;\ \theta_\alpha \quad 0 \quad 0) \tag{2-1}$$

$$M^{3T1R_y}=(X_p \quad Y_p \quad Z_p;\ 0 \quad \theta_\beta \quad 0) \tag{2-2}$$

$$M^{3T1R_x}=(X_p \quad Y_p \quad Z_p;\ 0 \quad 0 \quad \theta_\gamma) \tag{2-3}$$

（2）2T2R 四自由度：

$$M^{2T_{xy}2R_{yz}}=(X_p \quad Y_p \quad 0;\ \theta_\alpha \quad \theta_\beta \quad 0) \tag{2-4}$$

$$M^{2T_{xy}2R_{xz}}=(X_p \quad Y_p \quad 0;\ \theta_\alpha \quad 0 \quad \theta_\gamma) \tag{2-5}$$

$$M^{2T_{xy}2R_{xy}}=(X_p \quad Y_p \quad 0;\ 0 \quad \theta_\beta \quad \theta_\gamma) \tag{2-6}$$

$$M^{2T_{xz}2R_{yz}}=(X_p \quad 0 \quad Z_p;\ \theta_\alpha \quad \theta_\beta \quad 0) \tag{2-7}$$

$$M^{2T_{xz}2R_{xz}}=(X_p \quad 0 \quad Z_p;\ \theta_\alpha \quad 0 \quad \theta_\gamma) \tag{2-8}$$

$$M^{2T_{xz}2R_{xy}}=(X_p \quad 0 \quad Z_p;\ 0 \quad \theta_\beta \quad \theta_\gamma) \tag{2-9}$$

$$M^{2T_{yz}2R_{yz}}=(0 \quad Y_p \quad Z_p;\ \theta_\alpha \quad \theta_\beta \quad 0) \tag{2-10}$$

$$M^{2T_{yz}2R_{xz}}=(0 \quad Y_p \quad Z_p;\ \theta_\alpha \quad 0 \quad \theta_\gamma) \tag{2-11}$$

$$M^{2T_{yz}2R_{xy}}=(0 \quad Y_p \quad Z_p;\ 0 \quad \theta_\beta \quad \theta_\gamma) \tag{2-12}$$

（3）1T3R 四自由度：

$$M^{1T_x3R}=(X_p \quad 0 \quad 0;\ \theta_\alpha \quad \theta_\beta \quad \theta_\gamma) \tag{2-13}$$

$$M^{1T_y3R}=(0 \quad Y_p \quad 0;\ \theta_\alpha \quad \theta_\beta \quad \theta_\gamma) \tag{2-14}$$

$$M^{1T_z3R}=(0 \quad 0 \quad Z_p;\ \theta_\alpha \quad \theta_\beta \quad \theta_\gamma) \tag{2-15}$$

式中 M——机构末端的运动特征，前三项表示移动特征，后三项表示转动特征；

$2T_{xy}2R_{xz}$——具有两个移动和两个转动自由度，分别为沿 x 和 y

轴的移动自由度和绕 x 和 z 轴的转动自由度，其余类似；

X_p、Y_p、Z_p——沿 x、y 和 z 轴的移动特征；

θ_α、θ_β、θ_γ——绕 z、y 和 x 轴的转动特征。

2.4.2 机构的结构特点和输入判定

五自由度并联机构末端只缺失一个自由度，其运动特征有六种；六自由度并联机构末端为满自由度，只有一种运动特征。根据上述分析结果可以发现，四自由度并联机构的运动特征较五自由度和六自由度丰富许多。图 2-1 所示机构存在如下两个特点：

（1）连接上下平台的驱动支链数与机构运动平台的自由度数相同；

（2）每条驱动支链只有一个驱动副。

事实上，为了得到运动性能较好的机构，机构的输入选取通常应遵循如下原则：

（1）驱动副应尽量靠近固定平台；

（2）选取机架副为驱动副；

（3）可以选择所有对称分布的移动副作为驱动副。

综上所述，选取 $B_iP_iA_i$（$i=1$，2，3，4）支链的 P 副作为驱动副是唯一合适的。以固定坐标系 $O\text{-}xyz$ 为参考系，各驱动副的运动螺旋为

$$\$_{p1}=(0\quad 0\quad 0;\ L_1\quad M_1\quad N_1) \tag{2-16}$$

$$\$_{p2}=(0\quad 0\quad 0;\ L_2\quad M_2\quad N_2) \tag{2-17}$$

$$\$_{p3}=(0\quad 0\quad 0;\ L_3\quad M_3\quad N_3) \tag{2-18}$$

$$\$_{p4}=(0\quad 0\quad 0;\ L_4\quad M_4\quad N_4) \tag{2-19}$$

式中 L_i、M_i、N_i——驱动副轴线空间矢量。

由于机构具有四个驱动输入，运动平台的独立自由度数应为 4。锁住所有驱动副，机构应增加四个线性无关的约束螺旋，因此图 2-1 中的从动支链（虚线）应对运动平台提供两个线性无关的约束螺旋。在非奇异位形时，锁住所有驱动副后，所有约束螺旋的秩为 6，运动平台自由度为 0，说明输入合理。

2.5 不同结构驱动支链运动/约束特征分析

驱动支链的输入为 P 副，与运动平台和固定平台相连的运动副决定支链的结构。为了保证机构结构的对称性，驱动支链结构相同，同时所有驱动支链在整体坐标系下对运动平台提供的线性无关的约束螺旋不能超过两个，否则运动平台自由度少于四个，具体结构分析如下。

2.5.1 RPS 支链运动/约束特征分析

驱动支链采用 RPS 支链，结构如图 2-2 所示。不失一般性，假设 R 副与固定平台相连，S 副与运动平台相连，在 R 副处建立支链坐标系，方向如图 2-2 所示。

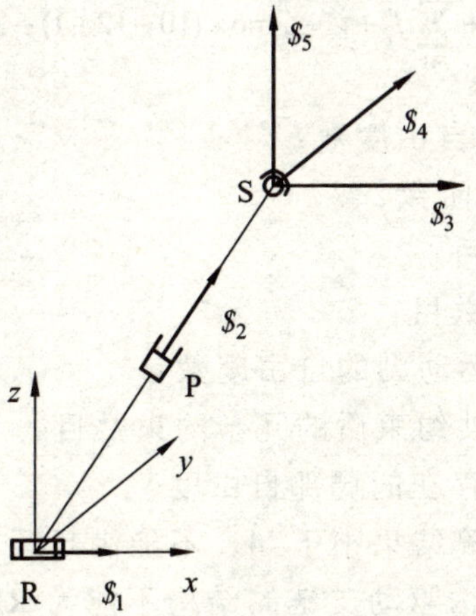

图 2-2 $R_xP_{xyz}S$ 支链简图

支链的运动螺旋为

$$\$_1 = (1 \quad 0 \quad 0;\ 0 \quad 0 \quad 0) \tag{2-20}$$

$$\$_2 = (0 \quad 0 \quad 0;\ \cos\theta_x \quad \cos\theta_y \quad \cos\theta_z) \tag{2-21}$$

$$\$_3 = (1 \quad 0 \quad 0;\ 0 \quad \cos\theta_z \quad -\cos\theta_y) \tag{2-22}$$

$$\$_4 = (0 \quad 1 \quad 0;\ -\cos\theta_z \quad 0 \quad \cos\theta_x) \tag{2-23}$$

$$\$_5 = (0 \quad 0 \quad 1;\ \cos\theta_y \quad -\cos\theta_x \quad 0) \tag{2-24}$$

式中　θ_x、θ_y、θ_z——支链与坐标轴的夹角。

约束反螺旋为

$$\$^r = \left(1 \quad -\frac{\cos\theta_x\cos\theta_y}{\cos^2\theta_y+\cos^2\theta_z} \quad -\frac{\cos\theta_x\cos\theta_z}{\cos^2\theta_y+\cos^2\theta_z};\right.$$

$$\left.0 \quad \cos\theta_z+\frac{\cos^2\theta_x\cos\theta_z}{\cos^2\theta_y+\cos^2\theta_z} \quad -\cos\theta_y-\frac{\cos^2\theta_x\cos\theta_y}{\cos^2\theta_y+\cos^2\theta_z}\right) \tag{2-25}$$

该螺旋为瞬时螺旋，如果各驱动支链结构相同，在不含约束从动支链的条件下，根据修正的 Kutzbach-Grübler 公式，具有结构相同的 RPS 支链的 4-RPS 并联机构的自由度为

$$F = \lambda(n-g-1)+\sum_{i=1}^{g} f_i+\nu-\zeta = 6\times(10-12-1)+20 = 2 \tag{2-26}$$

式中　F——机构的自由度数；

λ——机构的阶数；

n——构件数目；

g——运动副数目；

f_i——第 i 个运动副的自由度数；

ν——去除公共约束后的冗余约束数目；

ζ——机构中存在的局部自由度。

式（2-26）的计算结果小于 4，不能满足运动平台具有四自由度的要求，因此并联机构驱动支链的结构不能为 RPS 结构。

2.5.2　RPU 支链运动/约束特征分析

驱动支链采用 RPU 支链，结构如图 2-3 所示。不失一般性，R 副与固定平台相连，U 副与运动平台相连，在 R 副处建立支链坐标系，方向如图 2-3 所示。

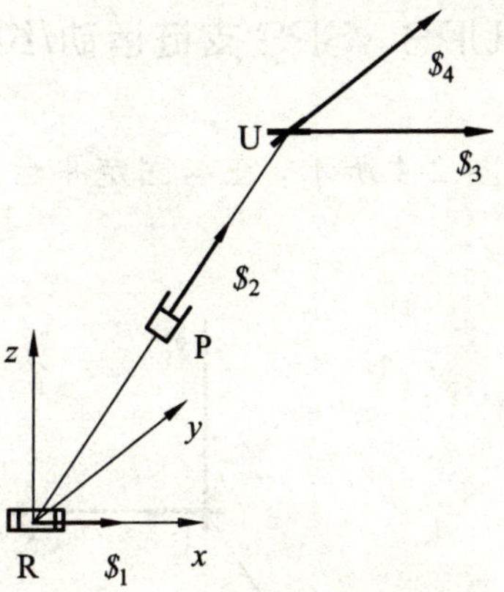

图 2-3　$R_xP_{xyz}U_{xy}$ 支链简图

支链的运动螺旋为

$$\$_1=(1\quad 0\quad 0;\ \ 0\quad 0\quad 0) \tag{2-27}$$

$$\$_2=(0\quad 0\quad 0;\ \ \cos\theta_x\quad \cos\theta_y\quad \cos\theta_z) \tag{2-28}$$

$$\$_3=(1\quad 0\quad 0;\ \ 0\quad \cos\theta_z\quad -\cos\theta_y) \tag{2-29}$$

$$\$_4=(0\quad 1\quad 0;\ \ -\cos\theta_z\quad 0\quad \cos\theta_x) \tag{2-30}$$

约束反螺旋为

$$\begin{aligned}\$_1^{\mathrm{r}}=(1\quad &-\frac{\cos\theta_x\cos\theta_y}{\cos^2\theta_y+\cos^2\theta_z}\quad -\frac{\cos\theta_x\cos\theta_z}{\cos^2\theta_y+\cos^2\theta_z};\\ &0\quad \cos\theta_z+\frac{\cos^2\theta_x\cos\theta_z}{\cos^2\theta_y+\cos^2\theta_z}\quad -\cos\theta_y-\frac{\cos^2\theta_x\cos\theta_y}{\cos^2\theta_y+\cos^2\theta_z})\end{aligned} \tag{2-31}$$

$$\$_2^{\mathrm{r}}=(0\quad 0\quad 0;\ \ 0\quad 0\quad 1) \tag{2-32}$$

如果各驱动支链均为相同的 RPU 结构，在不含约束从动支链的条件下，根据修正的 Kutzbach-Grübler 公式，4-RPU 并联机构的自由度为

$$F=\lambda(n-g-1)+\sum_{i=1}^{g}f_i+\nu-\zeta=5\times(10-12-1)+16=1 \tag{2-33}$$

式（2-33）的计算结果亦小于 4，不能满足运动平台具有四自由度的要求，因此支链的结构亦不能为 RPU 结构。

2.5.3 UPU、UPS、SPS 支链运动/约束特征分析

UPU 支链结构如图 2-4 所示，在与固定平台相连的 U 副处建立支链坐标系。

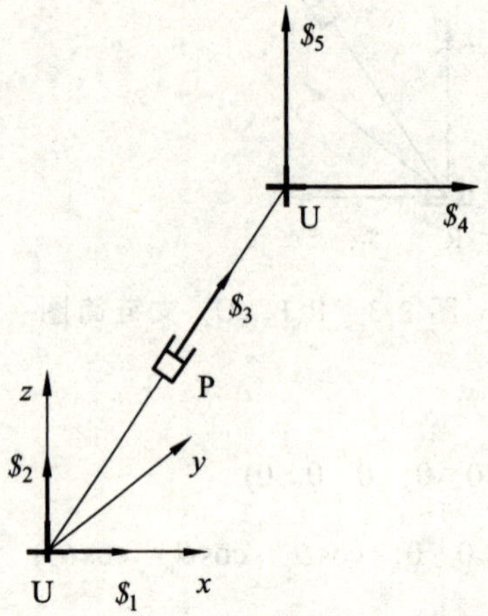

图 2-4 $U_{xz}P_{xyz}U_{xz}$ 支链简图

支链的运动螺旋为

$$\$_1=(1\quad 0\quad 0;\ \ 0\quad 0\quad 0) \tag{2-34}$$

$$\$_2=(0\quad 0\quad 1;\ \ 0\quad 0\quad 0) \tag{2-35}$$

$$\$_3=(0\quad 0\quad 0;\ \ \cos\theta_x\quad \cos\theta_y\quad \cos\theta_z) \tag{2-36}$$

$$\$_4=(1\quad 0\quad 0;\ \ 0\quad \cos\theta_z\quad -\cos\theta_y) \tag{2-37}$$

$$\$_5=(0\quad 0\quad 1;\ \ \cos\theta_y\quad -\cos\theta_x\quad 0) \tag{2-38}$$

约束反螺旋为

$$\$^r=(0\quad 0\quad 0;\ \ 0\quad 1\quad 0) \tag{2-39}$$

驱动支链均为相同的 UPU 结构，根据修正的 Kutzbach-Grübler 公式，4-UPU 并联机构的自由度为

$$F=\lambda(n-g-1)+\sum_{i=1}^{g}f_i+\nu-\zeta=5\times(10-12-1)+20=5\geqslant 4 \qquad (2\text{-}40)$$

式（2-40）的计算结果不小于 4，驱动支链满足要求，需要从动支链再提供一个约束力或独立的约束力偶。

UPS 和 SPS 支链对运动平台不存在约束螺旋，同时 SPS 支链自身还存在一个局部自由度。当驱动支链为 UPS 和 SPS 支链时，从动支链需约束运动平台的两个自由度。

综上所述，4-UPU/UPS/SPS 并联机构的驱动支链只能采用 UPU、UPS 和 SPS 结构，存在 4-UPU、4-UPS 和 4-SPS 驱动支链结构的并联机构。

2.6 4-UPU/UPS/SPS 并联机构结构分析

根据机构结构特点，驱动支链可以采用三种结果，同时与从动支链共同约束运动平台。选择不同的驱动支链，需要不同结构的约束从动支链与之配合使用。

2.6.1 UPU 驱动支链并联机构结构分析

UPU 支链具有一个约束力偶，在机构的各支链结构相同的条件下，运动平台的一个转动自由度被限制。因此，含 UPU 支链的机构构型，运动平台至少丧失一个转动自由度，机构只能是 2T2R 或 3T1R 四自由度并联机构。

1. 3T1R 四自由度并联机构分析

如果机构运动平台丧失绕 x、y 轴转动的自由度，可以采用驱动支链和从动支链各限制一个转动自由度的约束方式，驱动支链结构如图 2-4 所示。驱动支链限制了运动平台绕 y 轴转动的自由度，从动支链需限制运动平台绕 x 轴转动的自由度。采用 $P_xP_yP_zU_{yz}$ 结构的从动支链，在 U 副处建立支链坐标系，如图 2-5 所示。

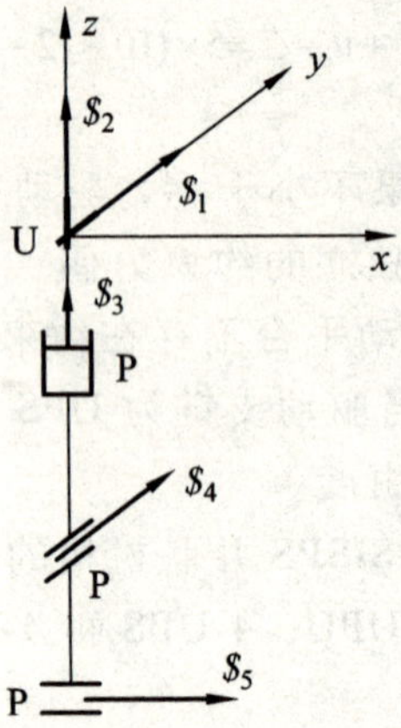

图 2-5 $P_xP_yP_zU_{yz}$ 支链简图

支链的运动螺旋为

$$\$_1 = (0\ \ 1\ \ 0;\ \ 0\ \ 0\ \ 0) \tag{2-41}$$

$$\$_2 = (0\ \ 0\ \ 1;\ \ 0\ \ 0\ \ 0) \tag{2-42}$$

$$\$_3 = (0\ \ 0\ \ 0;\ \ 0\ \ 0\ \ 1) \tag{2-43}$$

$$\$_4 = (0\ \ 0\ \ 0;\ \ 0\ \ 1\ \ 0) \tag{2-44}$$

$$\$_5 = (0\ \ 0\ \ 0;\ \ 1\ \ 0\ \ 0) \tag{2-45}$$

约束反螺旋为

$$\$^r = (0\ \ 0\ \ 0;\ \ 1\ \ 0\ \ 0) \tag{2-46}$$

综合驱动支链的约束螺旋，$4\text{-}U_{xz}P_{xyz}^{D}U_{xz}/P_xP_yP_zU_{yz}$ 并联机构不存在公共约束，但有三个冗余约束。根据修正的 Kutzbach-Grübler 公式，其自由度为

$$F = \lambda(n-g-1) + \sum_{i=1}^{g} f_i + \nu - \zeta = 6\times(13-16-1)+25+3 = 4 \tag{2-47}$$

因此，$4\text{-}U_{xz}P_{xyz}^{D}U_{xz}/P_xP_yP_zU_{yz}$ 并联机构为满足 $3T1R_z$ 四自由度并联机构，其结构简图如图 2-6 所示。

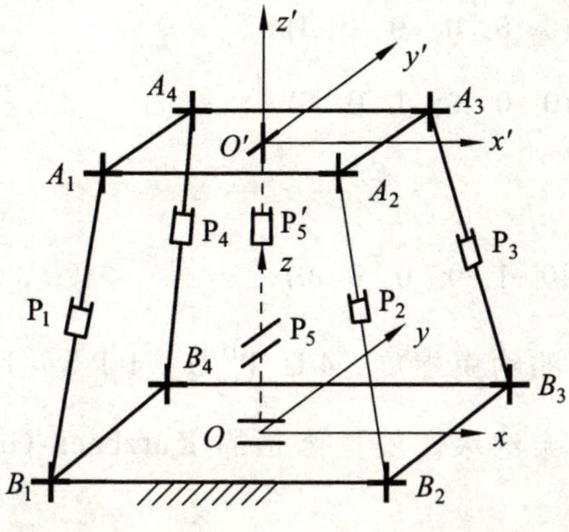

图 2-6　4-$U_{xz}P^{D}_{xyz}U_{xz}/P_xP_yP_zU_{yz}$ 并联机构简图

同理，可以证明 4-$U_{xy}P^{D}_{xyz}U_{xy}/P_xP_yP_zU_{yz}$ 为 $3T1R_y$ 四自由度并联机构，4-$U_{xy}P^{D}_{xyz}U_{xy}/P_xP_yP_zU_{xz}$ 为 $3T1R_x$ 四自由度并联机构。

2. 2T2R 四自由度机构分析

2T2R 四自由度并联机构丧失一个移动和一个转动自由度。根据上述分析可知，驱动支链只对运动平台的转动自由度有影响，因此从动支链需限制运动平台的一个移动自由度。

$2T_{xy}2R_{yz}$ 四自由度并联机构运动平台不能沿 z 轴移动和绕 x 轴转动。驱动支链的 U 副选用 U_{yz} 结构形式，$U_{yz}P_{xyz}U_{yz}$ 存在一个限制绕 x 轴转动的约束力偶。机构虚线处的从动支链需限制运动平台的一个移动自由度，可以选 P_xP_yS 结构支链作为从动支链。从动支链结构和支链坐标系如图 2-7 所示。

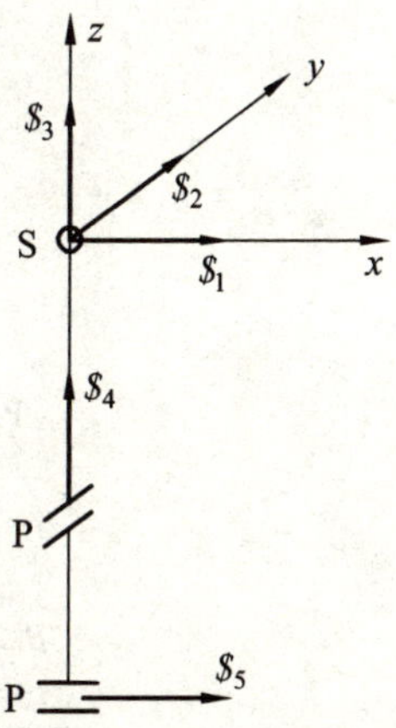

图 2-7　P_xP_yS 支链简图

支链的运动螺旋为

$$\$_1=(1\ \ 0\ \ 0;\ 0\ \ 0\ \ 0) \tag{2-48}$$

$$\$_2=(0\ \ 1\ \ 0;\ 0\ \ 0\ \ 0) \tag{2-49}$$

$$\$_3=(0\ \ 0\ \ 1;\ 0\ \ 0\ \ 0) \tag{2-50}$$

$$\$_4 = (0 \quad 0 \quad 0; \quad 0 \quad 0 \quad 1) \tag{2-51}$$

$$\$_5 = (0 \quad 0 \quad 0; \quad 1 \quad 0 \quad 0) \tag{2-52}$$

约束反螺旋为

$$\$^r = (0 \quad 1 \quad 0; \quad 0 \quad 0 \quad 0) \tag{2-53}$$

综合驱动支链的约束螺旋，$4\text{-}U_{yz}P_{xyz}^{D}U_{yz}/P_xP_yS$并联机构不存在公共约束，但有三个冗余约束。根据修正的 Kutzbach-Grübler 公式，其自由度为

$$F = \lambda(n-g-1) + \sum_{i=1}^{g} f_i + \nu - \zeta = 6\times(12-15-1)+25+3 = 4 \tag{2-54}$$

$4\text{-}U_{yz}P_{xyz}^{D}U_{yz}/P_xP_yS$并联机构满足运动平台为 $2T_{xy}2R_{yz}$ 四自由度要求，其结构简图如图 2-8 所示。

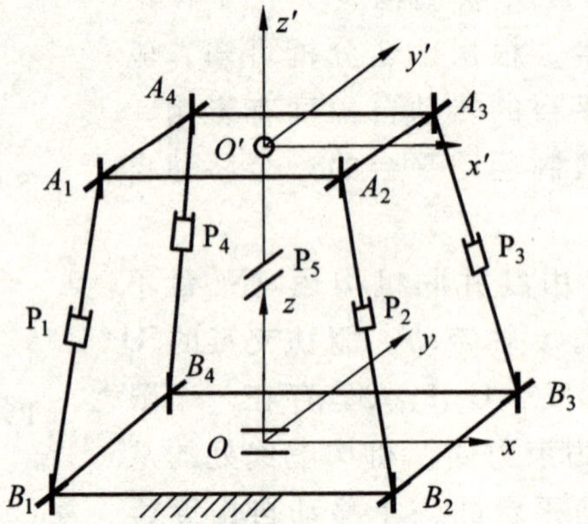

图 2-8　$4\text{-}U_{yz}P_{xyz}^{D}U_{yz}/P_xP_yS$并联机构简图

同理，$2T_{xy}2R_{xz}$、$2T_{xy}2R_{xy}$、$2T_{xz}2R_{yz}$、$2T_{xz}2R_{xz}$、$2T_{xz}2R_{xy}$、$2T_{yz}2R_{yz}$、$2T_{yz}2R_{xz}$、$2T_{yz}2R_{xy}$ 四自由度并联机构分别为 $4\text{-}U_{xz}P_{xyz}^{D}U_{xz}/P_xP_yS$、$4\text{-}U_{xy}P_{xyz}^{D}U_{xy}/P_xP_yS$、$4\text{-}U_{yz}P_{xyz}^{D}U_{yz}/P_xP_zS$、$4\text{-}U_{xz}P_{xyz}^{D}U_{xz}/P_xP_zS$、$4\text{-}U_{xy}P_{xyz}^{D}U_{xy}/P_xP_zS$、$4\text{-}U_{yz}P_{xyz}^{D}U_{yz}/P_yP_zS$、$4\text{-}U_{xz}P_{xyz}^{D}U_{xz}/P_yP_zS$、$4\text{-}U_{xy}P_{xyz}^{D}U_{xy}/P_yP_zS$。

2.6.2 UPS 和 SPS 驱动支链并联机构结构分析

UPS 支链具有六个运动螺旋，没有约束螺旋，运动平台受到的约束只能来源于从动支链，因此运动平台可以具有 3T1R、2T2R 和 1T3R 四自由度。同时，U 副的运动轴线并不会影响支链没有约束螺旋的性质，可以省去支链中 U 副的下标。

1. 3T1R 四自由度机构分析

约束从动支链需要具备两个正交的约束力偶。与 UPU 支链机构相比，从动支链承担了全部的约束，机构的运动特征完全由从动支链决定。对于 3T1R_z 四自由度并联机构，从动支链需要具备两个约束螺旋，即

$$\$_1^r = (0 \quad 0 \quad 0;\ 1 \quad 0 \quad 0) \tag{2-55}$$

$$\$_2^r = (0 \quad 0 \quad 0;\ 0 \quad 1 \quad 0) \tag{2-56}$$

支链的拓扑结构可以是 $P_xP_yP_zR_z$ 结构，如图 2-9 所示。

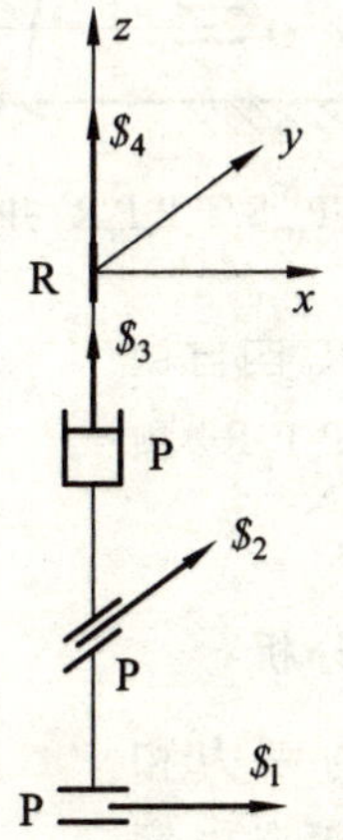

图 2-9　$P_xP_yP_zR_z$ 支链简图

支链运动螺旋为

$$\$_1 = (0 \quad 0 \quad 0;\ 1 \quad 0 \quad 0) \tag{2-57}$$

$$\$_2 = (0 \quad 0 \quad 0;\ 0 \quad 1 \quad 0) \tag{2-58}$$

$$\$_3 = (0 \quad 0 \quad 0;\ 0 \quad 0 \quad 1) \tag{2-59}$$

$$\$_4=(0\quad 0\quad 1;\ 0\quad 0\quad 0) \tag{2-60}$$

$4\text{-}UP^{D}_{xyz}S/P_xP_yP_zR_z$ 并联机构不存在公共约束，亦没有冗余约束，根据修正的 Kutzbach-Grübler 公式，其自由度为

$$F=\lambda(n-g-1)+\sum_{i=1}^{g}f_i+\nu-\zeta=6\times(13-16-1)+28=4 \tag{2-61}$$

满足 $3T1R_z$ 四自由度要求，其结构简图如图 2-10 所示。

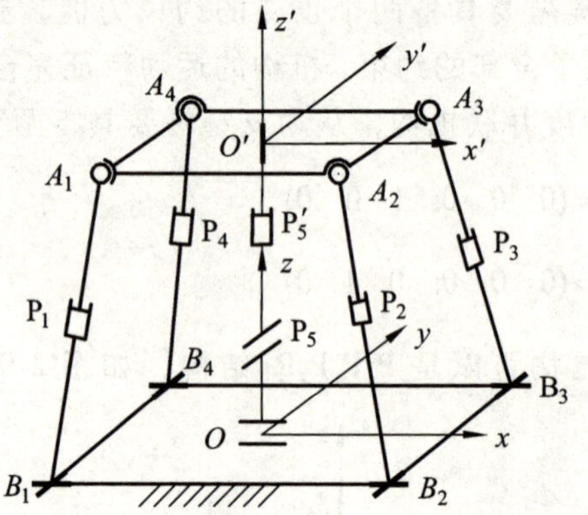

图 2-10　$4\text{-}UP^{D}_{xyz}S/P_xP_yP_zR_z$ 并联机构简图

同理，满足 $3T1R_x$ 和 $3T1R_y$ 四自由度的并联机构为 $4\text{-}UP^{D}_{xyz}S/P_xP_yP_zR_x$ 和 $4\text{-}UP^{D}_{xyz}S/P_xP_yP_zR_y$。

2. 2T2R 四自由度机构分析

从动支链需提供一个约束力和一个约束力偶。以 $2T_{xz}2R_{xy}$ 四自由度机构为例，从动支链需提供一个限制运动平台沿 y 轴移动的约束力和一个绕 z 轴转动的约束力偶。从动支链可以为 $P_xP_zU_{xy}$ 结构，如图 2-11 所示。

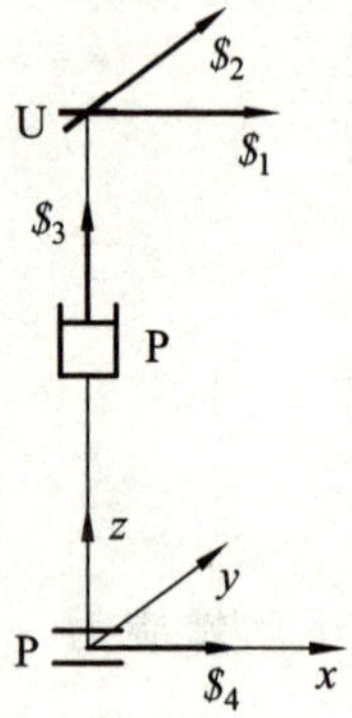

图 2-11　$P_xP_zU_{xy}$ 支链简图

从动支链运动螺旋为

$$\$_1=(1\quad 0\quad 0;\ 0\quad 0\quad 0) \tag{2-62}$$

$$\$_2 = (0\ \ 1\ \ 0;\ \ 0\ \ 0\ \ 0) \tag{2-63}$$

$$\$_3 = (0\ \ 0\ \ 0;\ \ 0\ \ 0\ \ 1) \tag{2-64}$$

$$\$_4 = (0\ \ 0\ \ 0;\ \ 1\ \ 0\ \ 0) \tag{2-65}$$

约束反螺旋为

$$\$_1^r = (0\ \ 1\ \ 0;\ \ 0\ \ 0\ \ 0) \tag{2-66}$$

$$\$_2^r = (0\ \ 0\ \ 0;\ \ 0\ \ 0\ \ 1) \tag{2-67}$$

4-$UP_{xyz}^{D}S/P_xP_zU_{xy}$ 并联机构不存在公共约束，亦没有冗余约束。根据修正的 Kutzbach-Grübler 公式，其自由度为

$$F = \lambda(n-g-1)+\sum_{i=1}^{g} f_i + \nu - \zeta = 6\times(12-15-1)+28 = 4 \tag{2-68}$$

该机构符合 $2T_{xz}2R_{xy}$ 四自由度要求，其结构简图如图 2-12 所示。

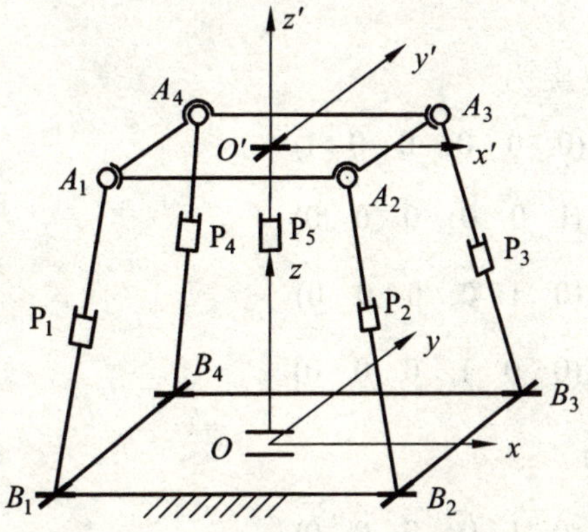

图 2-12　4-$UP_{xyz}^{D}S/P_xP_zU_{xy}$ 并联机构简图

同理，满足 $2T_{xy}2R_{xz}$、$2T_{xy}2R_{xy}$、$2T_{xz}2R_{yz}$、$2T_{xz}2R_{xz}$、$2T_{xz}2R_{xy}$、$2T_{yz}2R_{yz}$、$2T_{yz}2R_{xz}$ 和 $2T_{yz}2R_{xy}$ 四自由度的并联机构分别为 4-$UP_{xyz}^{D}S/P_xP_yU_{xz}$、4-$UP_{xyz}^{D}S/P_xP_yU_{xy}$、4-$UP_{xyz}^{D}S/P_xP_zU_{yz}$、4-$UP_{xyz}^{D}S/P_xP_zU_{xz}$、4-$UP_{xyz}^{D}S/P_xP_zU_{xy}$、4-$UP_{xyz}^{D}S/P_yP_zU_{yz}$、4-$UP_{xyz}^{D}S/P_yP_zU_{xz}$ 和 4-$UP_{xyz}^{D}S/P_yP_zU_{xy}$。

3. 1T3R 四自由度机构分析

机构具有三个转动自由度和一个移动自由度，运动平台受到两个正交的约束力的作用，丧失两个空间移动自由度。以 $1T_z3R$ 四自由度并联机构为例，从动支链需约束运动平台沿 x 和 y 轴方向的运动，支链结构可以为 P_zS 结构，如图 2-13 所示。

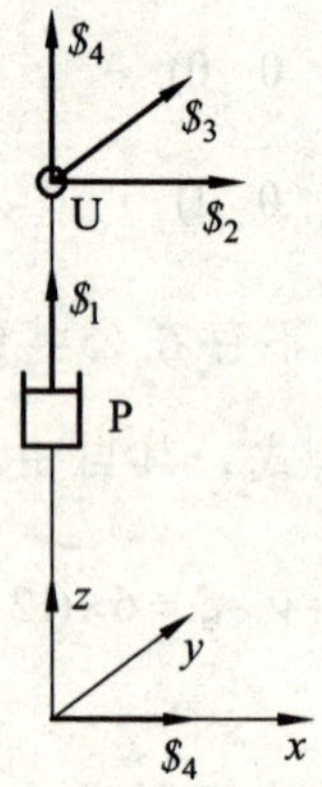

图 2-13　P_zS 支链简图

支链的运动螺旋为

$$\$_1 = (0\ \ 0\ \ 0;\ \ 0\ \ 0\ \ 1) \tag{2-69}$$

$$\$_2 = (1\ \ 0\ \ 0;\ \ 0\ \ 0\ \ 0) \tag{2-70}$$

$$\$_3 = (0\ \ 1\ \ 0;\ \ 0\ \ 0\ \ 0) \tag{2-71}$$

$$\$_4 = (0\ \ 0\ \ 1;\ \ 0\ \ 0\ \ 0) \tag{2-72}$$

约束反螺旋为

$$\$_1^{\mathrm{r}} = (0\ \ 1\ \ 0;\ \ 0\ \ 0\ \ 0) \tag{2-73}$$

$$\$_2^{\mathrm{r}} = (1\ \ 0\ \ 0;\ \ 0\ \ 0\ \ 0) \tag{2-74}$$

$4\text{-}UP_{xyz}^{D}S/P_zS$ 并联机构不存在公共约束，亦没有冗余约束。根据修正的 Kutzbach-Grübler 公式，其自由度为

$$F = \lambda(n-g-1) + \sum_{i=1}^{g} f_i + \nu - \zeta = 6\times(11-14-1)+32-4=4 \tag{2-75}$$

满足 $1T_z3R$ 四自由度要求，其结构简图如图 2-14 所示。

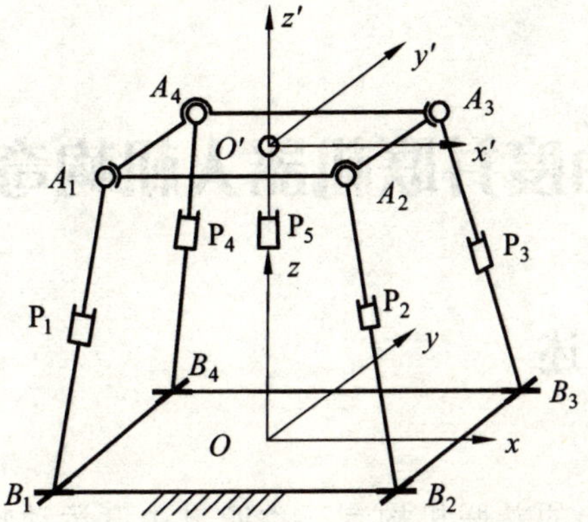

图 2-14　4-$UP_{xyz}^{D}S/P_zS$ 并联机构简图

2.7　本章小结

（1）本章对现有的并联机构代号表示方法进行了补充，制定了 4-UPU/UPS/SPS 并联机构运动副及整体结构的表示方法。代号表示方法需选取参考坐标系，通过代号表示可以清楚地了解机构中各运动副轴线的空间位置、支链结构以及快速找到机构的输入。

（2）以 Stewat 平台改进的四支链并联机构为研究对象，利用螺旋理论演变出了以 UPU 为驱动支链的 3T1R 和 2T2R 并联机构和以 UPS 和 SPS 为驱动支链的 3T1R、2T2R 和 1T3R 四自由度并联机构。构型演变的型综合方法目的性强，拓宽了机构诞生的渠道，考虑到了不同机构之间的联系。

3 少自由度并联机器人机构奇异性分析

3.1 概 述

第 2 章演变出的并联机构有三类四自由度运动特征，当机构处于奇异位形时，机构的自由度会发生变化，甚至造成机构的破坏，因此在并联机构研究之初，奇异性问题就引起了国内外学者的广泛关注。

本章以第 2 章的并联机构为研究对象，根据机构的输入输出关系，建立不同机构的位置关系方程，利用求导法得到 Jacobian 矩阵。根据 Jacobian 矩阵的代数行列式特点，提出采用循环计算得到不同机构的空间奇异点，分析这些奇异点的分布规律得到奇异位形，为机构运动轨迹规划提供依据。

3.2 并联机构奇异位形研究方法

Gosselin 和 Angeles[78]基于机构速度的正、逆 Jacobian 矩阵对机构奇异位形进行研究，提出将机构奇异分为三类：

(1) 当机构处于工作空间边界时，出现逆向运动学奇异，将丧失一个以上的自由度，也称为边界奇异。物理解释为动平台刚化。

(2) 当各输入完全刚化，运动平台仍具有某些方向的运动，即为正向运动学奇异，机构将获得一个以上的自由度，也称为位形奇异。物理解释为动平台失稳。

(3) 兼有上述两类特征称为复合奇异，也称为结构奇异。

采用 Jacobian 代数法可以得到奇异发生的具体位姿点以及位姿点

与机构尺度的关系。本章的机构构型产生的主要为第二类奇异，当 $\boldsymbol{J}_{dir}$（正 Jacobian 矩阵）的行列式等于零时，机构处于奇异位形。

3.3 3T1R 四自由度的 4-UPU/UPS/SPS 并联机构奇异性分析

3T1R 四自由度并联机构有三种运动特征，研究不同运动特征机构的奇异位形需首先根据空间位置关系方程求得 Jacobian 矩阵，然后确定机构尺度参数，采用循环计算得到奇异点，研究奇异位形分布规律。

3.3.1 3T1R 四自由度并联机构的 Jacobian 矩阵

机构运动平台的广义位置坐标可以表示为

$$\boldsymbol{X}_{O'}=\begin{pmatrix} x & y & z \\ \alpha & \beta & \gamma \end{pmatrix}$$

式中　x、y、z——运动平台几何中心 O'的绝对坐标；

α、β、γ——滚动（Roll）、俯仰（Pitch）、偏转（Yaw）角，以 RPY 角表示。

根据图 2-1 所示，运动平台具有三个移动和一个转动自由度，固定平台各铰点在固定坐标系$\{O\}$下的位置坐标为

$$\boldsymbol{B}_1=(-b \quad -c \quad 0)^{\mathrm{T}}\text{；}\ \boldsymbol{B}_2=(b \quad -c \quad 0)^{\mathrm{T}}\text{；}$$

$$\boldsymbol{B}_3=(b \quad c \quad 0)^{\mathrm{T}}\text{；}\ \boldsymbol{B}_4=(-b \quad c \quad 0)^{\mathrm{T}}$$

运动平台各铰点在动坐标系$\{O'\}$下的位置坐标为

$$\boldsymbol{A}_1=(-a \quad -d \quad 0)^{\mathrm{T}}\text{；}\ \boldsymbol{A}_2=(a \quad -d \quad 0)^{\mathrm{T}}\text{；}$$

$$\boldsymbol{A}_3=(a \quad d \quad 0)^{\mathrm{T}}\text{；}\ \boldsymbol{A}_4=(-a \quad d \quad 0)^{\mathrm{T}}$$

建立机构支链的空间位置矢量关系方程为

3T1R$_x$：
$$\boldsymbol{l}_i=\boldsymbol{T}_x\boldsymbol{A}_i+(x \quad y \quad z)^{\mathrm{T}}-\boldsymbol{B}_i\ (\ i=1,2,\cdots,4\ ) \tag{3-1}$$

3T1R$_y$:　　$$\boldsymbol{l}_i = \boldsymbol{T}_y \boldsymbol{A}_i + (x \quad y \quad z)^{\mathrm{T}} - \boldsymbol{B}_i \ (i = 1,2,\cdots,4) \tag{3-2}$$

3T1R$_z$:　　$$\boldsymbol{l}_i = \boldsymbol{T}_z \boldsymbol{A}_i + (x \quad y \quad z)^{\mathrm{T}} - \boldsymbol{B}_i \ (i = 1,2,\cdots,4) \tag{3-3}$$

式中　$\boldsymbol{l}_i$——第 i 条支链的位置矢量；

$\boldsymbol{T}_x$、$\boldsymbol{T}_y$和 $\boldsymbol{T}_z$——旋转变换矩阵，分别为

$$\boldsymbol{T}_x = \begin{pmatrix} 1 & 0 & 0 \\ 0 & \cos\gamma & -\sin\gamma \\ 0 & \sin\gamma & \cos\gamma \end{pmatrix};\quad \boldsymbol{T}_y = \begin{pmatrix} \cos\beta & 0 & \sin\beta \\ 0 & 1 & 0 \\ -\sin\beta & 0 & \cos\beta \end{pmatrix};$$

$$\boldsymbol{T}_z = \begin{pmatrix} \cos\alpha & -\sin\alpha & 0 \\ \sin\alpha & \cos\alpha & 0 \\ 0 & 0 & 1 \end{pmatrix}$$

式（3-1）～（3-3）分别为机构具有三个移动和一个绕 x 轴、y 轴或 z 轴转动自由度的位置关系方程。

不同构型下的支链长度可表示为

$$l_i = \sqrt{\boldsymbol{l}_i^2(1) + \boldsymbol{l}_i^2(2) + \boldsymbol{l}_i^2(3)} \tag{3-4}$$

式中　$\boldsymbol{l}_i(1)$、$\boldsymbol{l}_i(2)$和 $\boldsymbol{l}_i(3)$——$\boldsymbol{l}_i$的 3 个分量，即支链空间位置矢量。

上述三种构型的各支链对时间求导得

$$\dot{\boldsymbol{l}} = \boldsymbol{J}_{dir}^{3\mathrm{T1R}_x} (\dot{x} \quad \dot{y} \quad \dot{z} \quad \dot{\gamma})^{\mathrm{T}} \tag{3-5}$$

$$\dot{\boldsymbol{l}} = \boldsymbol{J}_{dir}^{3\mathrm{T1R}_y} (\dot{x} \quad \dot{y} \quad \dot{z} \quad \dot{\beta})^{\mathrm{T}} \tag{3-6}$$

$$\dot{\boldsymbol{l}} = \boldsymbol{J}_{dir}^{3\mathrm{T1R}_z} (\dot{x} \quad \dot{y} \quad \dot{z} \quad \dot{\alpha})^{\mathrm{T}} \tag{3-7}$$

式中

$$\boldsymbol{J}_{dir}^{3\mathrm{T1R}_x} = \begin{pmatrix} \frac{\partial l_1}{\partial x} & \frac{\partial l_1}{\partial y} & \frac{\partial l_1}{\partial z} & \frac{\partial l_1}{\partial \gamma} \\ \frac{\partial l_2}{\partial x} & \frac{\partial l_2}{\partial y} & \frac{\partial l_2}{\partial z} & \frac{\partial l_2}{\partial \gamma} \\ \frac{\partial l_3}{\partial x} & \frac{\partial l_3}{\partial y} & \frac{\partial l_3}{\partial z} & \frac{\partial l_3}{\partial \gamma} \\ \frac{\partial l_4}{\partial x} & \frac{\partial l_4}{\partial y} & \frac{\partial l_4}{\partial z} & \frac{\partial l_4}{\partial \gamma} \end{pmatrix},\quad \boldsymbol{J}_{dir}^{3\mathrm{T1R}_y} = \begin{pmatrix} \frac{\partial l_1}{\partial x} & \frac{\partial l_1}{\partial y} & \frac{\partial l_1}{\partial z} & \frac{\partial l_1}{\partial \beta} \\ \frac{\partial l_2}{\partial x} & \frac{\partial l_2}{\partial y} & \frac{\partial l_2}{\partial z} & \frac{\partial l_2}{\partial \beta} \\ \frac{\partial l_3}{\partial x} & \frac{\partial l_3}{\partial y} & \frac{\partial l_3}{\partial z} & \frac{\partial l_3}{\partial \beta} \\ \frac{\partial l_4}{\partial x} & \frac{\partial l_4}{\partial y} & \frac{\partial l_4}{\partial z} & \frac{\partial l_4}{\partial \beta} \end{pmatrix},$$

$$J_{dir}^{3T1R_z}=\begin{pmatrix}\dfrac{\partial l_1}{\partial x} & \dfrac{\partial l_1}{\partial y} & \dfrac{\partial l_1}{\partial z} & \dfrac{\partial l_1}{\partial \alpha}\\ \dfrac{\partial l_2}{\partial x} & \dfrac{\partial l_2}{\partial y} & \dfrac{\partial l_2}{\partial z} & \dfrac{\partial l_2}{\partial \alpha}\\ \dfrac{\partial l_3}{\partial x} & \dfrac{\partial l_3}{\partial y} & \dfrac{\partial l_3}{\partial z} & \dfrac{\partial l_3}{\partial \alpha}\\ \dfrac{\partial l_4}{\partial x} & \dfrac{\partial l_4}{\partial y} & \dfrac{\partial l_4}{\partial z} & \dfrac{\partial l_4}{\partial \alpha}\end{pmatrix}$$

分别表示 $3T1R_x$、$3T1R_y$ 和 $3T1R_z$ 四自由度并联机构的正 Jacobian 矩阵；支链伸缩速率为 $\dot{\boldsymbol{l}}=(\dot{l}_1 \quad \dot{l}_2 \quad \dot{l}_3 \quad \dot{l}_4)^{\mathrm{T}}$。

由于 $J_{dir}^{3T1R_x}$ 和 $J_{dir}^{3T1R_y}$ 的秩：

$$\operatorname{rank}(J_{dir}^{3T1R_x})=3 \tag{3-8}$$

$$\operatorname{rank}(J_{dir}^{3T1R_y})=3 \tag{3-9}$$

所以 $3T1R_x$、$3T1R_y$ 四自由度并联机构全局奇异（运动平台处于任何位置均奇异）。$3T1R_z$ 四自由度并联机构的正 Jacobian 矩阵的秩：

$$\operatorname{rank}(J_{dir}^{3T1R_z})=4 \tag{3-10}$$

存在

$$\left|J_{dir}^{3T1R_z}\right|=W_1/W_2/W_3/W_4 \tag{3-11}$$

式中

$$W_1=-16z\cos\alpha(ac-db)(ac\cos\alpha-ad-bc+bd\cos\alpha)$$

$$W_2=(-2ax\cos\alpha-2ab\cos\alpha+d^2+2dx\sin\alpha+2bd\sin\alpha+x^2+2bx+b^2+$$
$$a^2+2ay\sin\alpha-2ac\sin\alpha+2dy\cos\alpha-2cd\cos\alpha+y^2+2cy+c^2+z^2)^{\frac{1}{2}}$$

$$W_3=(2ax\cos\alpha-2ab\cos\alpha+d^2-2dx\sin\alpha+2bd\sin\alpha+x^2-2xb+b^2+$$
$$a^2+2ay\sin\alpha-2ac\sin\alpha+2dy\cos\alpha-2cd\cos\alpha+y^2-2cy+c^2+z^2)^{\frac{1}{2}}$$

$$W_4=(-2ax\cos\alpha-2ab\cos\alpha+d^2-2dx\sin\alpha-2bd\sin\alpha+x^2+2xb+b^2+a^2-$$
$$2ay\sin\alpha+2ac\sin\alpha+2dy\cos\alpha-2dc\cos\alpha+y^2-2yc+c^2+z^2)^{\frac{1}{2}}$$

并联机构的正 Jacobian 矩阵行列式的代数表达式为非线性方程且冗长复杂，严重影响了奇异位形的判断。本书采用循环计算的方法找出机构的奇异点，根据奇异点判断机构的奇异性，计算流程图如图 3-1 所示。由于计算精度问题，实际计算过程中，当 abs（$|\boldsymbol{J}_{dir}|$）$\leqslant \varepsilon$ 时即认为机构处于奇异位形。ε 为一个理论上的无穷小量，为了保证计算效率，计算时取其值为 10^{-15}；abs 表示绝对值。

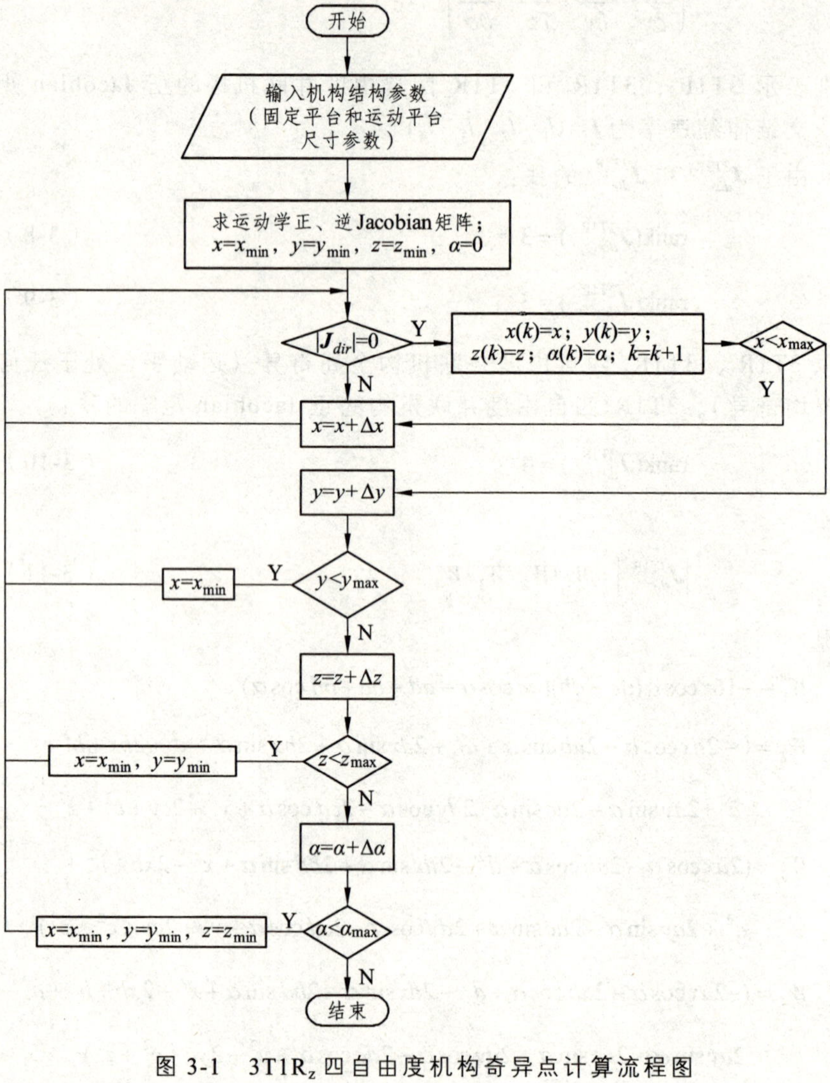

图 3-1　3T1R$_z$ 四自由度机构奇异点计算流程图

3.3.2 数值算例

因为 $3T1R_x$ 和 $3T1R_y$ 四自由度并联机构全局奇异，只需研究 $3T1R_z$ 四自由度并联机构的奇异点。固定平台尺寸为常量，其中长边长为 1 m（$b=0.5$ m），短边长为 0.6 m（$c=0.3$ m）；运动平台为正方形，尺寸设置为变量，边长为 0.4～0.58 m（$a=d=0.2\sim0.29$ m）；位置变量范围 $x\in[-0.3,\ 0.3]$，$y\in[-0.3,\ 0.3]$，$z\in[0.8,\ 1.4]$；姿态变量变化范围 $\alpha\in[0°,\ 90°]$；变量初值 $x=-0.3$，$y=-0.3$，$z=0.8$，$\alpha=0°$；循环增量 $\Delta x=0.05$，$\Delta y=0.05$，$\Delta z=0.1$，$\Delta\alpha=1°$。

根据图 3-1 所示的计算流程，得出的奇异点均是在 $\alpha=90°$ 时出现，未发现与固定平台和运动平台尺度有关的奇异。因此，当 $\alpha=90°$ 时，$W_1=0$，机构奇异，如图 3-2 所示。同理，由于机构结构对称，$\alpha=-90°$ 时，机构也处于奇异位形。这两种姿态表示运动平台绕 z 轴旋转了 90°，实际上由于与运动平台和固定平台相连运动副转角的限制，可以避免此类奇异。

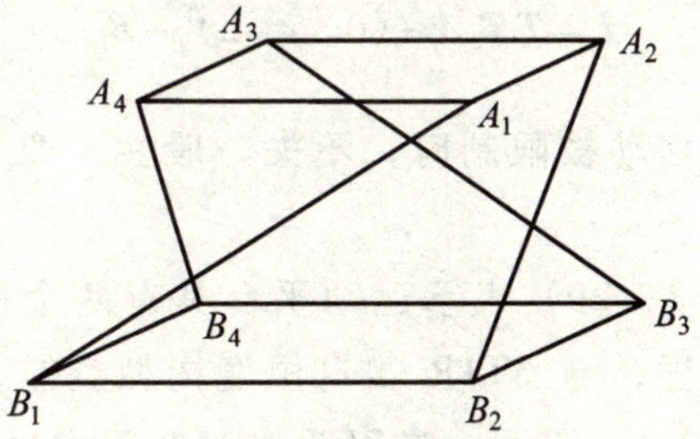

图 3-2　$\alpha=90°$ 时 $3T1R_z$ 四自由度并联机构发生奇异的机构姿态

3.4 2T2R 四自由度的 4-UPU/UPS/SPS 并联机构奇异性分析

2T2R 四自由度并联机构有九种运动特征，研究方法与 3T1R 四自由度类似，但该机构的 Jacobian 矩阵更为复杂。

3.4.1 2T2R四自由度并联机构的Jacobian矩阵

建立不同构型的机构位置矢量关系方程为

$2T_{xy}2R_{xy}$: $$\boldsymbol{l}_i=\boldsymbol{T}_y\boldsymbol{T}_x\boldsymbol{A}_i+(x\quad y\quad 1.2)^{\mathrm{T}}-\boldsymbol{B}_i \tag{3-12}$$

$2T_{xz}2R_{xy}$: $$\boldsymbol{l}_i=\boldsymbol{T}_y\boldsymbol{T}_x\boldsymbol{A}_i+(x\quad 0\quad z)^{\mathrm{T}}-\boldsymbol{B}_i \tag{3-13}$$

$2T_{yz}2R_{xy}$: $$\boldsymbol{l}_i=\boldsymbol{T}_y\boldsymbol{T}_x\boldsymbol{A}_i+(0\quad y\quad z)^{\mathrm{T}}-\boldsymbol{B}_i \tag{3-14}$$

$2T_{xy}2R_{xz}$: $$\boldsymbol{l}_i=\boldsymbol{T}_z\boldsymbol{T}_x\boldsymbol{A}_i+(x\quad y\quad 1.2)^{\mathrm{T}}-\boldsymbol{B}_i \tag{3-15}$$

$2T_{xz}2R_{xz}$: $$\boldsymbol{l}_i=\boldsymbol{T}_z\boldsymbol{T}_x\boldsymbol{A}_i+(x\quad 0\quad z)^{\mathrm{T}}-\boldsymbol{B}_i \tag{3-16}$$

$2T_{yz}2R_{xz}$: $$\boldsymbol{l}_i=\boldsymbol{T}_z\boldsymbol{T}_x\boldsymbol{A}_i+(0\quad y\quad z)^{\mathrm{T}}-\boldsymbol{B}_i \tag{3-17}$$

$2T_{xy}2R_{yz}$: $$\boldsymbol{l}_i=\boldsymbol{T}_z\boldsymbol{T}_y\boldsymbol{A}_i+(x\quad y\quad 1.2)^{\mathrm{T}}-\boldsymbol{B}_i \tag{3-18}$$

$2T_{xz}2R_{yz}$: $$\boldsymbol{l}_i=\boldsymbol{T}_z\boldsymbol{T}_y\boldsymbol{A}_i+(x\quad 0\quad z)^{\mathrm{T}}-\boldsymbol{B}_i \tag{3-19}$$

$2T_{yz}2R_{yz}$: $$\boldsymbol{l}_i=\boldsymbol{T}_z\boldsymbol{T}_y\boldsymbol{A}_i+(0\quad y\quad z)^{\mathrm{T}}-\boldsymbol{B}_i \tag{3-20}$$

注：当 z 轴的移动被限制时，不失一般性，取 z 值为 1.2 进行奇异位形分析。

式（3-12）～（3-20）表示运动平台具有两个移动和两个转动自由度的位置矢量方程，与 3T1R 四自由度构型类似，不同构型下的支链长度方程如式（3-4）所示，方程两边对时间求导得

$2T_{xy}2R_{xy}$: $$\dot{\boldsymbol{l}}=\boldsymbol{J}_{dir}^{2T_{xy}2R_{xy}}(\dot{x}\quad \dot{y}\quad \dot{\beta}\quad \dot{\gamma})^{\mathrm{T}} \tag{3-21}$$

$2T_{xz}2R_{xy}$: $$\dot{\boldsymbol{l}}=\boldsymbol{J}_{dir}^{2T_{xz}2R_{xy}}(\dot{x}\quad \dot{z}\quad \dot{\beta}\quad \dot{\gamma})^{\mathrm{T}} \tag{3-22}$$

$2T_{yz}2R_{xy}$: $$\dot{\boldsymbol{l}}=\boldsymbol{J}_{dir}^{2T_{yz}2R_{xy}}(\dot{y}\quad \dot{z}\quad \dot{\beta}\quad \dot{\gamma})^{\mathrm{T}} \tag{3-23}$$

$2T_{xy}2R_{xz}$: $$\dot{\boldsymbol{l}}=\boldsymbol{J}_{dir}^{2T_{xz}2R_{xz}}(\dot{x}\quad \dot{y}\quad \dot{\alpha}\quad \dot{\gamma})^{\mathrm{T}} \tag{3-24}$$

$2T_{xz}2R_{xz}$: $$\dot{\boldsymbol{l}}=\boldsymbol{J}_{dir}^{2T_{xz}2R_{xz}}(\dot{x}\quad \dot{z}\quad \dot{\alpha}\quad \dot{\gamma})^{\mathrm{T}} \tag{3-25}$$

$2T_{yz}2R_{xz}$: $$\dot{l} = J_{dir}^{2T_{yz}2R_{xz}}(\dot{y}\quad \dot{z}\quad \dot{\alpha}\quad \dot{\gamma})^T \tag{3-26}$$

$2T_{xy}2R_{yz}$: $$\dot{l} = J_{dir}^{2T_{xy}2R_{yz}}(\dot{x}\quad \dot{y}\quad \dot{\alpha}\quad \dot{\beta})^T \tag{3-27}$$

$2T_{xz}2R_{yz}$: $$\dot{l} = J_{dir}^{2T_{xz}2R_{yz}}(\dot{x}\quad \dot{z}\quad \dot{\alpha}\quad \dot{\beta})^T \tag{3-28}$$

$2T_{yz}2R_{yz}$: $$\dot{l} = J_{dir}^{2T_{yz}2R_{yz}}(\dot{y}\quad \dot{z}\quad \dot{\alpha}\quad \dot{\beta})^T \tag{3-29}$$

式（3-21）～（3-29）的 J_{dir} 求法与前述推导过程类似。与 3T1R 四自由度构型相比，此类机构的正 Jacobian 矩阵更为复杂。

3.4.2 数值算例

运动平台和固定平台尺寸如 3.3.2 节所述；x、y、z 及 Δx、Δy、Δz 也依然采用上一节数值；α、β、γ 初值均取 0°，$\Delta\alpha$、$\Delta\beta$、$\Delta\gamma$ 为 1°，最大值均为 90°；计算流程与 $3T1R_z$ 四自由度机构类似，只是循环计算变量不同。不同构型的并联机构，奇异位形计算结果如下：

（1）$2T_{xy}2R_{xy}$ 四自由度并联机构在 $\beta=\gamma=0°$ 或 $\beta=\gamma=\pm 90°$ 时，机构处于奇异位形，如图 3-3 和 3-4 所示。当姿态角为 0°时的奇异称为姿态角初始奇异，这类奇异会影响机构的设计和应用；而 90°姿态角奇异可以通过限制运动副转角范围避免。

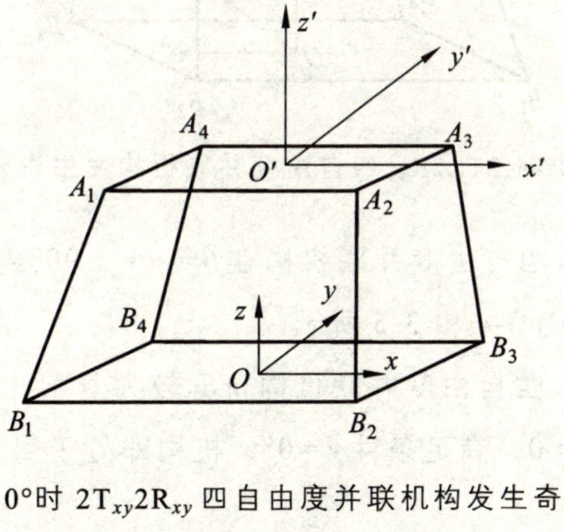

图 3-3 $\beta=\gamma=0°$时 $2T_{xy}2R_{xy}$ 四自由度并联机构发生奇异的机构姿态

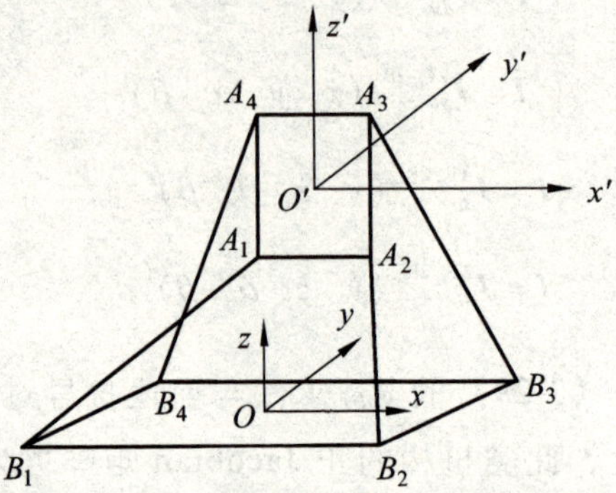

图 3-4　$\beta=\gamma=\pm 90°$时 $2T_{xy}2R_{xy}$ 四自由度并联机构发生奇异的机构姿态

（2）$2T_{xz}2R_{xy}$ 四自由度并联机构在$\beta=\gamma=\pm 90°$或$\gamma=0°$时，机构处于奇异位形，如图 3-4 和 3-5 所示。机构的奇异分别为 90°姿态角奇异和初始姿态奇异。

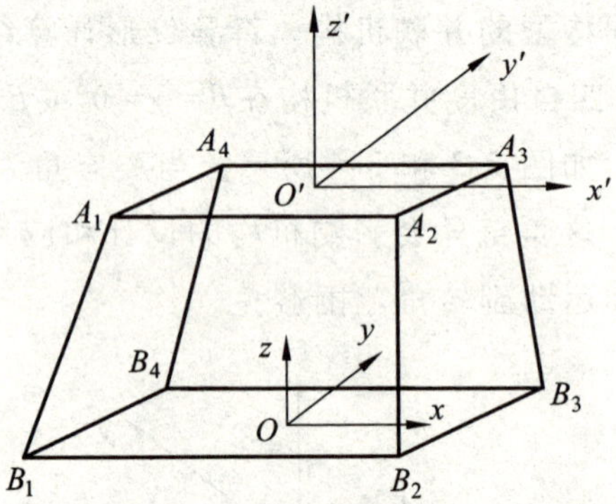

图 3-5　$\gamma=0°$时 $2T_{xz}2R_{xy}$ 四自由度并联机构发生奇异的机构姿态

（3）$2T_{yz}2R_{xy}$ 四自由度并联机构在$\beta=\gamma=\pm 90°$或$\gamma=0°$时，机构处于奇异位形，如图 3-4 和 3-5 所示。

（4）$2T_{xy}2R_{xz}$ 四自由度并联机构奇异较为复杂，需分情况讨论：

① 当 $x=y=0$，满足条件$\gamma=0°$，机构即处于奇异位形，如图 3-6 所示。

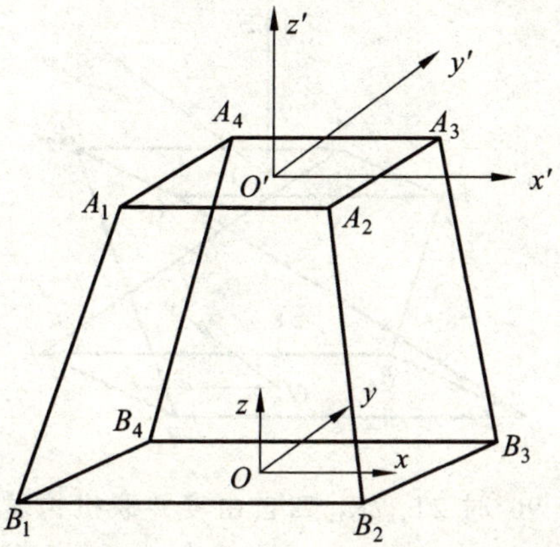

图 3-6　$x=y=0$，$\gamma=0°$时 $2T_{xy}2R_{xz}$ 四自由度并联机构发生奇异的机构姿态

② 当 x 和 y 至少有一个变量不为 0，满足条件$\gamma=0°$且$\alpha=\pm 90°$，机构处于奇异位形，如图 3-7 所示。

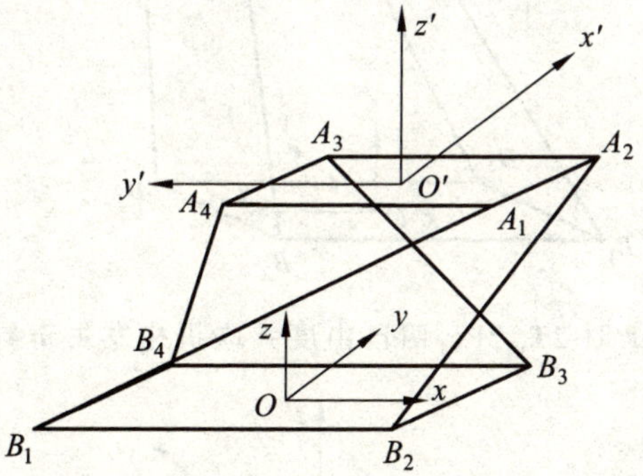

图 3-7　$x\neq 0$ 或 $y\neq 0$ 或 $x\neq 0$ 且 $y\neq 0$，$\gamma=0°$，$\alpha=90°$时
$2T_{xy}2R_{xz}$ 四自由度并联机构发生奇异的机构姿态

（5）$2T_{xz}2R_{xz}$ 四自由度并联机构在$\gamma=0°$且$\alpha=\pm 90°$时，机构处于奇异位形，如图 3-8 所示。

（6）$2T_{yz}2R_{xz}$ 四自由度并联机构在$\alpha=0°$或$\alpha=\pm 90°$且$\gamma=0°$时，机构处于奇异位形，如图 3-9 和 3-8 所示。

（7）$2T_{xy}2R_{yz}$ 四自由度并联机构奇异较为复杂，需分情况讨论：

① 当 $x=y=0$，满足条件$\beta=0°$，机构即处于奇异位形，如图 3-10 所示。

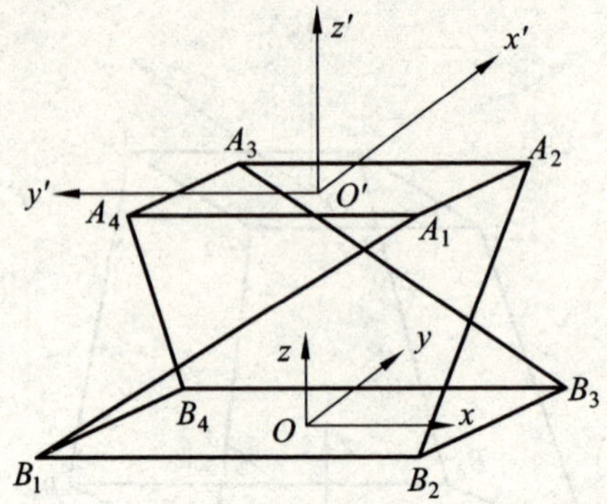

图 3-8 $\gamma = 0°$，$\alpha = 90°$时 $2T_{xz}2R_{xz}$ 四自由度并联机构发生奇异的机构姿态

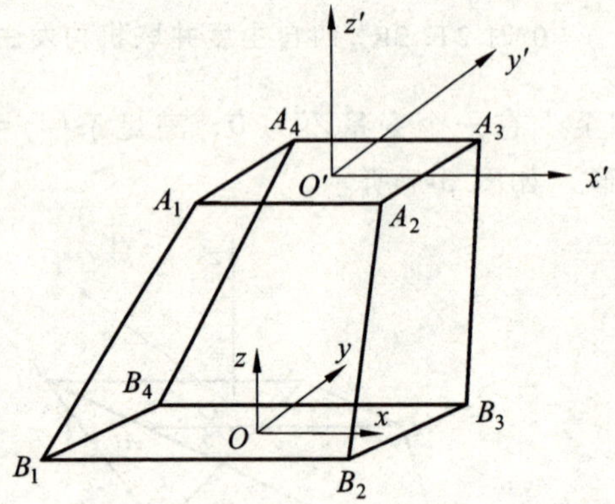

图 3-9 $\alpha = 0°$时 $2T_{yz}2R_{xz}$ 四自由度并联机构发生奇异的机构姿态

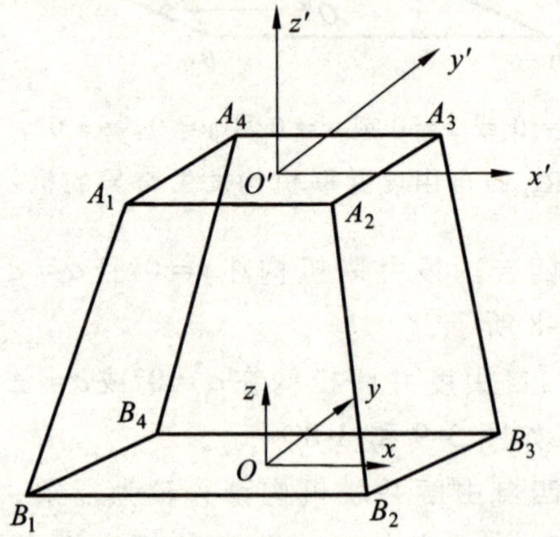

图 3-10 $x = y = 0$，$\beta = 0°$时 $2T_{xy}2R_{yz}$ 四自由度并联机构发生奇异的机构姿态

② 当 x 和 y 至少有一个变量不为 0，满足条件 $\beta=0°$ 且 $\alpha=\pm 90°$，机构处于奇异位形，如图 3-11 所示。

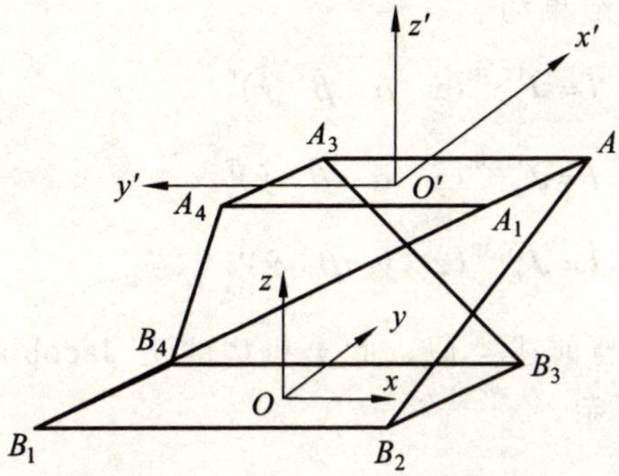

图 3-11　$x\neq 0$ 或 $y\neq 0$ 或 $x\neq 0$ 且 $y\neq 0$，$\beta=0°$，$\alpha=90°$ 时 $2T_{xy}2R_{xz}$ 四自由度并联机构发生奇异的机构姿态

(8) $2T_{xz}2R_{yz}$ 四自由度并联机构在 $\alpha=0°$ 或 $\alpha=\pm 90°$ 且 $\beta=0°$ 时，机构处于奇异位形，如图 3-9 和 3-11 所示。

(9) $2T_{yz}2R_{yz}$ 四自由度并联机构在 $\beta=0°$ 且 $\alpha=\pm 90°$ 时，机构处于奇异位形，如图 3-11 所示。

上述奇异位形与机构运动平台尺度参数无直接联系。

3.5　1T3R 四自由度的 4-UPU/UPS/SPS 并联机构奇异性分析

3.5.1　1T3R 四自由度并联机构的 Jacobian 矩阵

建立机构的位置关系方程为

$1T_x3R$：　$$\boldsymbol{l}_i=\boldsymbol{T}_z\boldsymbol{T}_y\boldsymbol{T}_x\boldsymbol{A}_i+(x\quad 0\quad 1.2)^{\mathrm{T}}-\boldsymbol{B}_i \tag{3-30}$$

$1T_y3R$：　$$\boldsymbol{l}_i=\boldsymbol{T}_z\boldsymbol{T}_y\boldsymbol{T}_x\boldsymbol{A}_i+(0\quad y\quad 1.2)^{\mathrm{T}}-\boldsymbol{B}_i \tag{3-31}$$

$1T_z3R$：　$$\boldsymbol{l}_i=\boldsymbol{T}_z\boldsymbol{T}_y\boldsymbol{T}_x\boldsymbol{A}_i+(0\quad 0\quad z)^{\mathrm{T}}-\boldsymbol{B}_i \tag{3-32}$$

式（3-30）～（3-32）表示运动平台具有一个移动和三个转动自由度的输入输出关系方程，方程两边对时间 t 求导得机构运动的 Jacobian 逆矩阵，结果为

$$1T_x3R:\quad \dot{\boldsymbol{l}} = \boldsymbol{J}_{dir}^{1T_x3R}(\dot{x}\quad \dot{\alpha}\quad \dot{\beta}\quad \dot{\gamma})^{T} \tag{3-33}$$

$$1T_y3R:\quad \dot{\boldsymbol{l}} = \boldsymbol{J}_{dir}^{1T_y3R}(\dot{y}\quad \dot{\alpha}\quad \dot{\beta}\quad \dot{\gamma})^{T} \tag{3-34}$$

$$1T_z3R:\quad \dot{\boldsymbol{l}} = \boldsymbol{J}_{dir}^{1T_z3R}(\dot{z}\quad \dot{y}\quad \dot{\beta}\quad \dot{\gamma})^{T} \tag{3-35}$$

$\boldsymbol{J}_{dir}$ 推导过程与前述类似，此类机构的正 Jacobian 矩阵行列式的代数表达式最为复杂。

3.5.2 数值算例

运动平台和固定平台尺寸如 3.3.2 节所述；变量的初值和增量与 3.4.2 节一致，计算流程与 $3T1R_z$ 四自由度并联机构类似，只是循环计算变量发生了变化，奇异计算结果如下：

（1）$1T_x3R$ 四自由度并联机构奇异位形出现在：

① 当 $\beta=\pm 90°$ 时，机构处于奇异位形，如图 3-12 所示。

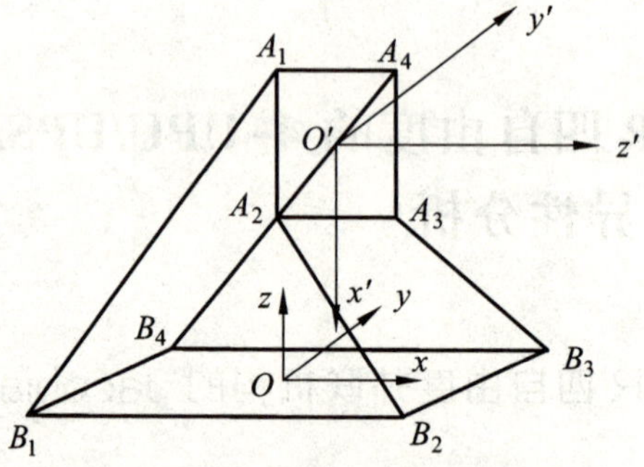

图 3-12　$\beta=90°$ 时 $1T_x3R$ 四自由度并联机构发生奇异的机构姿态

② 当 $x=0$ 且 $\alpha=\beta=0°$ 时，机构处于奇异位形，如图 3-13 所示。

③ 当 $x=0$ 且 $\beta=\gamma=0°$ 时，机构处于奇异位形，如图 3-13 所示。

④ 当 $x=0.2$ 且 $\beta=90°$ 或 $x=-0.2$ 且 $\beta=-90°$ 时，机构存在大量奇异位形。此类奇异与机构的尺度参数选取有关。

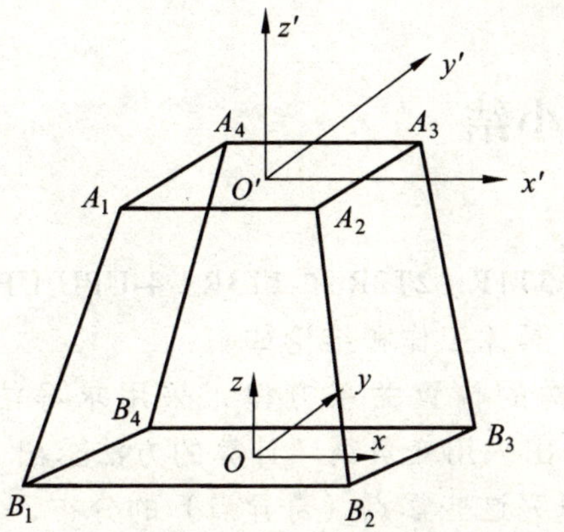

图 3-13　$x=0$，$\alpha=\beta=0°$时 $1T_x3R$ 四自由度并联机构发生奇异的机构姿态

(2) $1T_y3R$ 四自由度并联机构奇异位形与 $1T_x3R$ 四自由度并联机构类似。

(3) $1T_z3R$ 四自由度并联机构奇异位形出现在$\beta=\pm90°$时，此时机构处于奇异位形。

3.6　规避奇异分析

不同运动特征的 4-UPU/UPS/SPS 并联机构奇异位形不同，存在初始奇异和全局奇异，采用如下方法可以避开某些奇异位置。

(1) 某些构型存在初始姿态角奇异的特性，在进行轨迹规划时可以在奇异点附近重构运动轨迹，避开奇异位置。如果运动平台需要到达初始角位置，应该对各支链的初始位置进行调整。

(2) 对于全局奇异并联机构构型，需调整机构结构。将其中两条对角支链位置重新安置，使机构成为非对称并联机构，也可以使四条支链在初始位置时不等高来减少奇异位形。

(3) 运动平台转动范围如果不超过 90°，可以避免“90°角”奇异。

为了避免构型奇异，同时考虑机构动力学性能，设计运动平台和固定平台时，还应避免几何结构相似。

3.7 本章小结

本章对三类（3T1R、2T2R 和 1T3R）4-UPU/UPS/SPS 并联机构进行了奇异性研究。具体工作和结论如下：

（1）根据机构的位置关系方程，采用求导法得到了机构的正 Jacobian 矩阵，提出采用变量循环计算的方法求出 Jacobian 矩阵行列式的零点。通过研究这些零点（奇异点）的分布，得出了不同运动特征的四自由度并联机构的奇异规律。

（2）发现了 4-UPU/UPS/SPS 并联机构的 $3T1R_x$ 和 $3T1R_x$ 四自由度运动特征全局奇异，需调整几何结构才能避免，因此这两种自由度机构在后续章节中不讨论。2T2R 四自由度并联机构运动组合形式繁多，奇异位形复杂，但不存在全局奇异。1T3R 四自由度并联机构中，$1T_x3R$ 和 $1T_y3R$ 四自由度并联机构的奇异点与位置参数相关，同时与机构尺度参数也有关，$1T_z3R$ 四自由度并联机构奇异位形只与姿态参数有关。

（3）运动平台与固定平台尺度相似会出现大量奇异点，因此在进行结构参数选择时，采用固定平台为矩形，运动平台为正方形。一般来说，运动平台受到支链干涉、运动副转角等因素的限制，很难达到90°的姿态角，这些奇异点对机构性能影响可以忽略。

4　少自由度并联机器人机构工作空间与尺度分析

4.1　概　述

机构工作空间可以分为全工作空间、可达工作空间、灵活工作空间和次工作空间[154]。并联机构工作空间是机构运动平台的工作区域，它是衡量并联机构性能的重要指标，也是运动轨迹规划的依据。一般来说，并联机构运动平台不能绕某一点做整周转动，因此一般没有灵活的工作空间，通常所说的工作空间为可达工作空间。与串联机构相比，并联机构运动平台的工作空间较小，在机构结构参数大体不变的条件下，获得较大工作空间是机构设计追求的目标之一。由于并联机构的转动和移动之间往往存在很强的耦合性，因此，获得机构的可达工作空间完整描述非常困难。在工作空间研究方面，国内外学者主要从事以下工作：首先，给定运动平台的姿态角，求运动平台参考点所能达到的区域；其次，给定运动平台参考点的位置，求运动平台的姿态范围，通常前者研究更为普遍。另外，给定运动平台中心点的某个运动轨迹，判断轨迹是否在工作空间范围内也是研究的内容之一。

本章主要研究并联机构的位置工作空间，即给定运动平台姿态角，求运动平台中心点的可达范围，无特别说明的情况下，工作空间一般指位置工作空间。4-UPU/UPS/SPS 四自由度并联机构运动平台中心点的轨迹有三种情况：对于 3T1R 四自由度并联机构，中心点的轨迹可以组成一个体；对于 2T2R 四自由度并联机构，中心点的轨迹为一个面；而 1T3R 四自由度并联机构，中心点的轨迹为一条线。由于

第2章的$2T_{yz}2R_{xy}$和$2T_{xz}2R_{xy}$、$2T_{xy}2R_{xz}$和$2T_{xy}2R_{yz}$、$2T_{xz}2R_{xz}$和$2T_{yz}2R_{yz}$、$2T_{yz}2R_{xz}$和$2T_{xz}2R_{yz}$、$1T_x3R$和$1T_y3R$四自由度并联机构具有相似性和对偶性，因此只需研究$3T1R_z$、$2T_{yz}2R_{xy}$、$2T_{xy}2R_{xz}$、$2T_{xy}2R_{xy}$、$2T_{xz}2R_{xz}$、$2T_{yz}2R_{xz}$、$1T_x3R$和$1T_z3R$四自由度并联机构即可得到不同运动特征机构的工作空间特点。$3T1R_x$和$3T1R_y$四自由度并联机构全局奇异，需改变机构的整体结构才能避免这种情况的发生，因此不再对这两种机构进行分析。并联机构的工作空间可达区域往往是不规则的，目前还很难有一种通用的方法来获得解析表达式，而非规则的“体”和“面”不易求解其大小。本章提出采用基于“点集”的简明计算方法，求得位置工作空间区域的大小和工作空间大小与机构尺度之间的关系，为机构尺度选取提供依据。

4.2 4-UPU/UPS/SPS并联机构工作空间约束条件

利用数值法计算位置和姿态工作空间区域需要确定机构的约束条件。根据本章的机构构型特点，约束条件包括支链长度约束、运动副转角约束和支链干涉约束等。

1. 支链长度约束

机构由四条驱动支链的伸缩控制运动平台的位姿，支链的伸缩范围制约着运动平台的可达空间范围。支链杆长约束满足

$$l_{\min} \leqslant l_i \leqslant l_{\max} \tag{4-1}$$

式中 $l_{\min}$——支链的最短量；

$l_{\max}$——支链的最长量。

从动支链包含2~3个杆件，无论运动平台处于任何位姿，各杆件总是垂直于固定平台，约束条件需满足所有杆件长度之和l_{fsum}不大于运动平台所能达到的最大高度$z_{\max}$，即

$$l_{\text{fsum}} \leqslant z_{\max} \tag{4-2}$$

$z_{\max}$由驱动支链伸缩范围确定。

2. 运动副（球铰/万向铰）转角的约束

在驱动支链中，与运动平台和固定平台相连的运动副（驱动支链）为U副或S副，转角范围由运动副具体结构而定。根据文献[155]分析可知，第 i 条支链的运动副转角计算方法为

$$\theta_{\mathrm{u}} = \arccos\frac{-\boldsymbol{l}_i \cdot (\boldsymbol{T}\boldsymbol{n}_{Ai})}{|\boldsymbol{l}_i|} \text{（与运动平台相连）} \tag{4-3}$$

$$\theta_{\mathrm{d}} = \arccos\frac{\boldsymbol{l}_i \cdot \boldsymbol{n}_{Bi}}{|\boldsymbol{l}_i|} \text{（与固定平台相连）} \tag{4-4}$$

式中　θ_{u}——与运动平台相连的运动副实际转角；

θ_{d}——与固定平台相连的运动副实际转角；

$\boldsymbol{n}_{Ai}$——运动副基座相对于动坐标系{O'}的姿态单位向量；

$\boldsymbol{n}_{Bi}$——运动副基座相对于固定坐标系{O}的姿态单位向量。

以S副为例，运动副转角约束如图4-1所示。

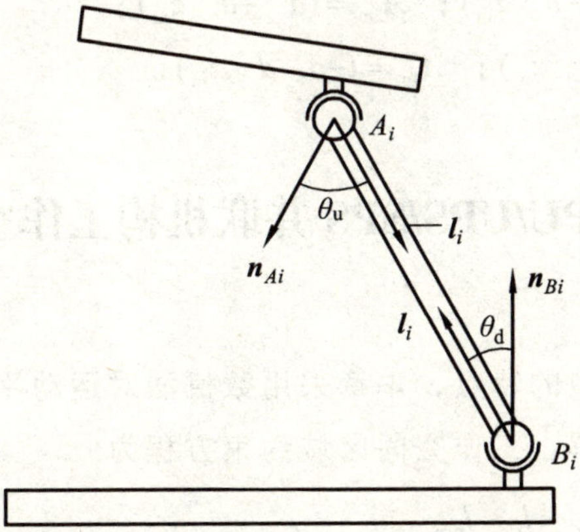

图 4-1　运动副转角约束

从动支链与运动平台相连的U副或S副的转角范围即为运动平台姿态角变化范围，各并联机构构型在初始位置时，U副或S副转角为0°。

3. 支链干涉约束

机构两支链之间发生干涉会影响运动平台的工作空间。支链不发

生干涉的条件是：相邻两支链之间的最短距离 D_i 不小于液压缸最大截面圆的直径 D。支链干涉情况较为复杂，文献[156、157]对支链干涉问题做了详细的论述。

4. 中位高度约束

当运动平台与固定平台平行时，在各驱动支链中，与固定（运动）平台相连的运动副的基座向量为 $\boldsymbol{l}_i$（$-\boldsymbol{l}_i$）时，即 θ_{u} 和 θ_{d} 均为 0°，运动平台所处的高度即为中位高度 z_{m}，则

$$\boldsymbol{n}_{B1}=\frac{\boldsymbol{A}_{1\mathrm{m}}-\boldsymbol{B}_1}{\left|\boldsymbol{A}_{1\mathrm{m}}-\boldsymbol{B}_1\right|};\quad \boldsymbol{n}_{B2}=\frac{\boldsymbol{A}_{2\mathrm{m}}-\boldsymbol{B}_2}{\left|\boldsymbol{A}_{1\mathrm{m}}-\boldsymbol{B}_2\right|};$$

$$\boldsymbol{n}_{B3}=\frac{\boldsymbol{A}_{3\mathrm{m}}-\boldsymbol{B}_3}{\left|\boldsymbol{A}_{3\mathrm{m}}-\boldsymbol{B}_3\right|};\quad \boldsymbol{n}_{B4}=\frac{\boldsymbol{A}_{4\mathrm{m}}-\boldsymbol{B}_4}{\left|\boldsymbol{A}_{4\mathrm{m}}-\boldsymbol{B}_4\right|}$$

$$\boldsymbol{n}_{B1}=-\boldsymbol{n}_{A1};\quad \boldsymbol{n}_{B2}=\boldsymbol{n}_{A2};\quad \boldsymbol{n}_{B3}=-\boldsymbol{n}_{A3};\quad \boldsymbol{n}_{B4}=-\boldsymbol{n}_{A4}$$

其中

$$\boldsymbol{A}_{1\mathrm{m}}=(-a\quad -d\quad z_{\mathrm{m}});\quad \boldsymbol{A}_{2\mathrm{m}}=(a\quad -d\quad z_{\mathrm{m}});$$
$$\boldsymbol{A}_{3\mathrm{m}}=(a\quad d\quad z_{\mathrm{m}});\quad \boldsymbol{A}_{4\mathrm{m}}=(-a\quad d\quad z_{\mathrm{m}})。$$

4.3 4-UPU/UPS/SPS 并联机构工作空间区域求解

基于机构构型的特点，本章采用数值法对运动平台中心点的工作空间区域进行求解，工作空间区域约束方程为

$$\begin{cases} l_{\min}\leqslant l_i\leqslant l_{\max} \\ D_i\geqslant D \\ \theta_{\mathrm{u}}\leqslant\theta_{\mathrm{u\,max}} \\ \theta_{\mathrm{d}}\leqslant\theta_{\mathrm{d\,max}} \\ l_{\mathrm{fsum}}\leqslant z_{\max} \end{cases} \tag{4-5}$$

式中 $\theta_{\mathrm{u\,max}}$——与运动平台相连的运动副最大转角；
$\theta_{\mathrm{d\,max}}$——与固定平台相连的运动副最大转角。

满足式（4-5）的所有数值解构成运动平台中心点的工作空间区域。以 3T1R$_z$ 四自由度并联机构为例，工作空间区域数值解求解流程如图 4-2 所示，其余构型类似。

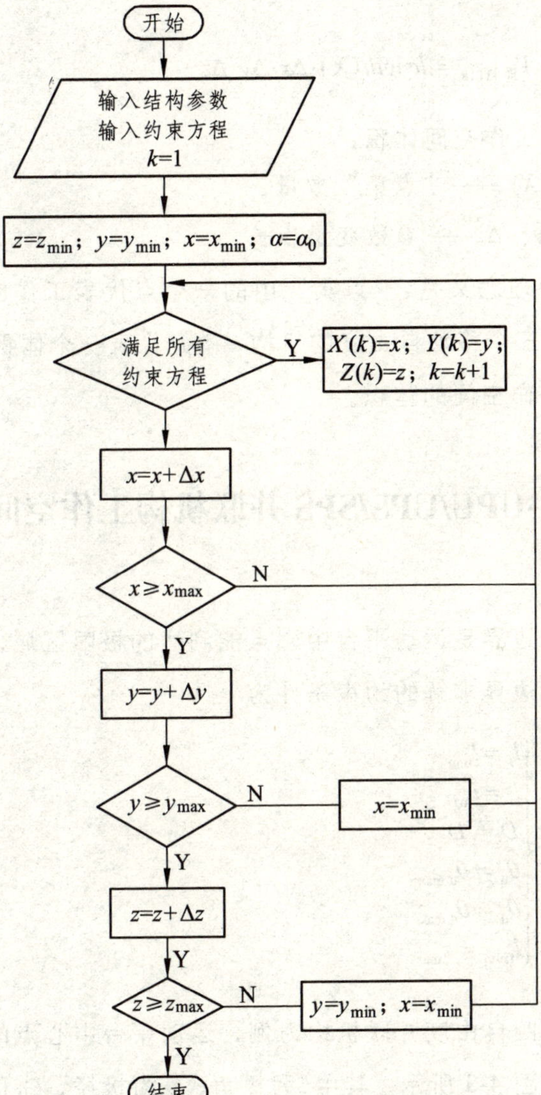

图 4-2 工作空间内“点集”求解流程图

其中α_0为运动平台姿态角常量，$x_{\min}$、$y_{\min}$和$z_{\min}$为位置变量循环计算的初值，$x_{\max}$、$y_{\min}$和$z_{\max}$为位置变量的终值。根据工作空间区域的数值解，把所有满足条件的数值解作为“点集”，提出一种工作空间体积计算公式：

$$V_{\mathrm{III}}|_{3\mathrm{T}1\mathrm{R}_z} = length(X)\cdot\Delta x\cdot\Delta y\cdot\Delta z \tag{4-6}$$

式中　V_{III}——工作空间体积；

$length(X)$——“点集”数量；

Δx、Δy、Δz——参数变量步长。

方程的物理意义是：“点集”中的一个点代表工作空间的一个微元（对于具有三个移动自由度的机构，微元代表一个体积块），所有微元之和即为工作空间的体积。

4.4　4-UPU/UPS/SPS并联机构工作空间边界求解

工作空间边界是运动平台中心点能到达的极限区域，是机构设计的重要依据。边界求解的约束条件为

$$\begin{cases} l_i = l_{\min} \\ l_i = l_{\max} \\ D_i = D \\ \theta_{\mathrm{u}} = \theta_{\mathrm{u\,max}} \\ \theta_{\mathrm{d}} = \theta_{\mathrm{d\,max}} \\ l_{\mathrm{fsum}} = z_{\max} \end{cases} \tag{4-7}$$

以$3\mathrm{T}1\mathrm{R}_z$四自由度并联机构为例，运动平台中心点的工作空间边界求解流程如图4-3所示。其中ζ为极角，ρ为极径，ζ_0和ρ_0为极角和极径初值。

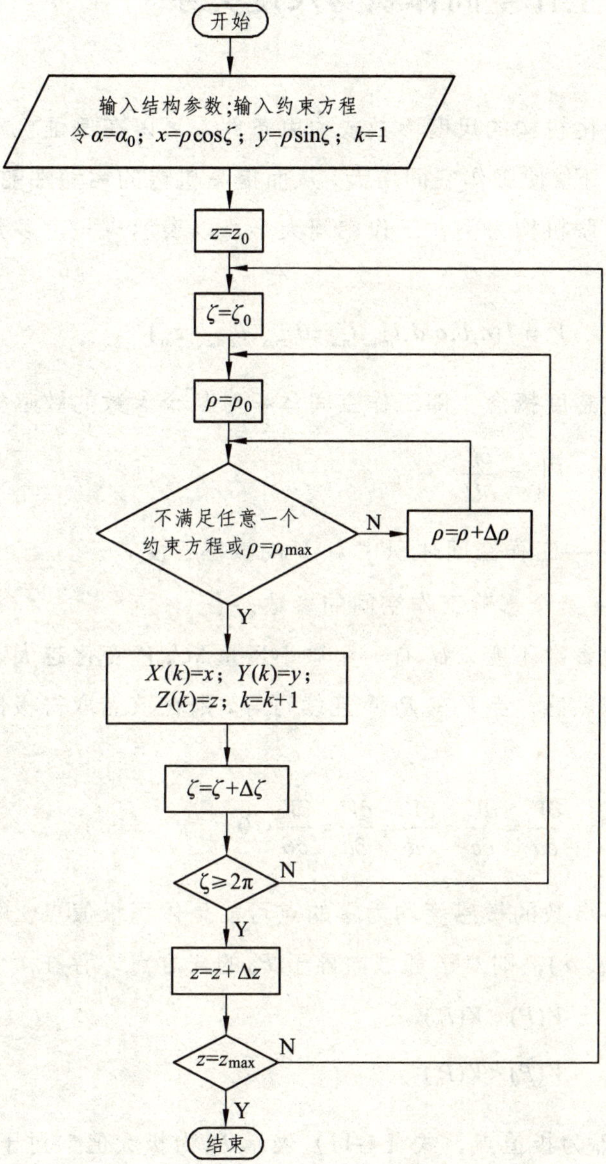

图 4-3 工作空间边界求解流程图

4.5 工作空间体积与尺度关系

通过优化机构的尺度参数或约束条件，可以在保证机构大体尺寸不变的条件下，使工作空间增大，从而提高机构的运动性能。以 3T1R_z 四自由度并联机构为例，工作空间大小可以表示成一个多元函数，计算公式为

$$V = f(a,b,c,d,l_{\min},l_{\max},\theta_{\mathrm{u}\max},\theta_{\mathrm{d}\max},z_{\mathrm{m}}) \quad (4\text{-}8)$$

引入敏感度概念，即工作空间体积对某个参数的敏感程度。

$$\dot{V}\Big|_U = \frac{\partial f}{\partial U} \quad (4\text{-}9)$$

式中 $\dot{V}\Big|_U$——工作空间体积 V 对 U 的敏感程度；

U——某个影响工作空间的参数。

当其他参数不变，U 有一个微小增量ΔU, V 变化越大，说明体积对该参数越敏感。若 V 在 P_0 点连续可导，则在该点取得极值的必要条件为

$$\frac{\partial V}{\partial a} = \frac{\partial V}{\partial c} = \frac{\partial V}{\partial d} = \frac{\partial V}{\partial l} = \frac{\partial V}{\partial \theta} = 0 \quad (4\text{-}10)$$

机构各参数的敏感度均为零的点可能是体积极值点。取δ作 P_0 的 δ 邻域 U(P_0, δ)，则对于邻域内异于 P_0 的任意点，存在

$$V(P) > V(P_0) \quad (4\text{-}11)$$

或

$$V(P) < V(P_0) \quad (4\text{-}12)$$

此时 P_0 为极值点，式（4-11）表示 P_0 为极大值。对于不可导点，可计算出函数值与其邻域点函数值比较确定。比较各极大值点，最大值即为工作空间体积最优值，该点为机构尺度参数最优点。

4.6 数值算例

4.6.1 3T1R$_z$四自由度并联机构工作空间计算

采用式（4-5）得到的数值解数量（点集）近似计算工作空间的体积。选取运动平台尺度参数 $a=d=0.2$ m，固定平台尺度参数分别为 $b=0.5$ m 和 $c=0.3$ m，支链长度 $l_i\in[1, 1.4]$，驱动支链运动副转角最大为 15°，计算步长Δx、Δy、Δz 均取为 0.1、0.05 或 0.01，姿态角 $\alpha_0=0°$，中位高度 z_{m} 为 1.2，位置参数 x、$y\in[-0.4, 0.4]$，$z\in[0.9, 1.4]$，液压缸最大截面圆的直径 D 取 0.015 m。“点集”求解在 CPU 为 AMD 2.7 GHz（双核）、内存为 2G 的计算机上进行，结果如表 4-1 所示。

表 4-1　不同步长计算结果

步　长	计算时间/s	工作空间体积/m^3
0.01	325.4844	0.0957
0.05	1.1094	0.0986
0.1	0.1563	0.106

显然，步长越小，计算结果越精确。与步长为 0.01 相比，当步长取 0.1 时，计算时间大大缩短，但误差也较大。以步长为 0.01 的体积值为参考，步长取 0.1 时体积相对误差为

$$\eta_V=\left|\frac{0.106-0.0957}{0.0957}\right|\times 100\%=10.76\%$$

式中　η_V——工作空间的体积相对误差。

当步长取 0.05 时，计算时间大大缩短，误差也很小，相对误差为

$$\eta_V=\left|\frac{0.0986-0.0957}{0.0957}\right|\times 100\%=3.03\%$$

基于效率和精度综合考虑，计算步长取 0.05 既能有较快的计算速度又能达到满意的精度。工作空间边界区域和 *x-y* 截面图如图 4-4 和 4-5 所示。

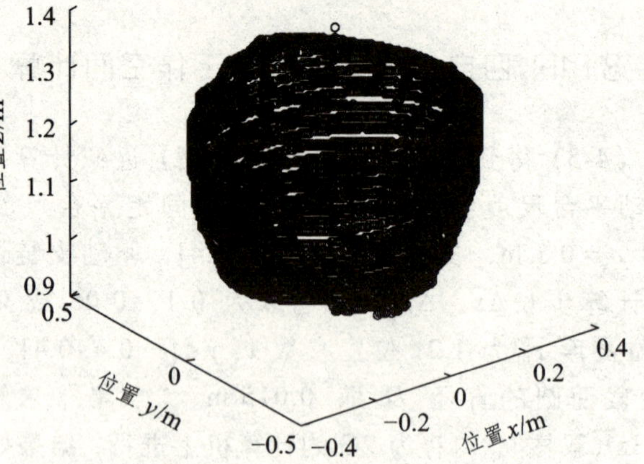

图 4-4　工作空间边界图

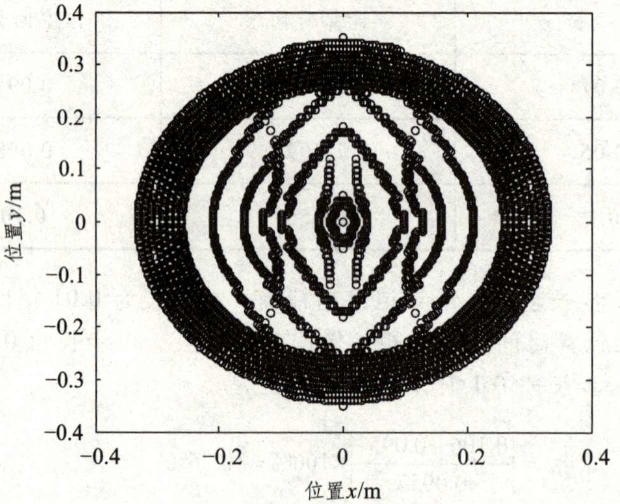

图 4-5　工作空间 *x-y* 截面图

垂直于 *z* 轴的工作空间截面基本是大小不等的椭圆形，个别截面也表现出近似菱形，某些截面则不能形成封闭的图形，为一条或几条不规则曲线。

大多数并联机构工作空间体积很难用解析式表达，直接得到精确的解析解和工作空间对各参数的敏感度难度较大，而采用数值解分析敏感度会使问题得到简化。其余参数不变，取不同的中位高度，搜索步长取 0.05，运动平台尺度范围为 0.2～0.29 m。根据式（4-6）计算，工作空间体积变化如图 4-6 所示。

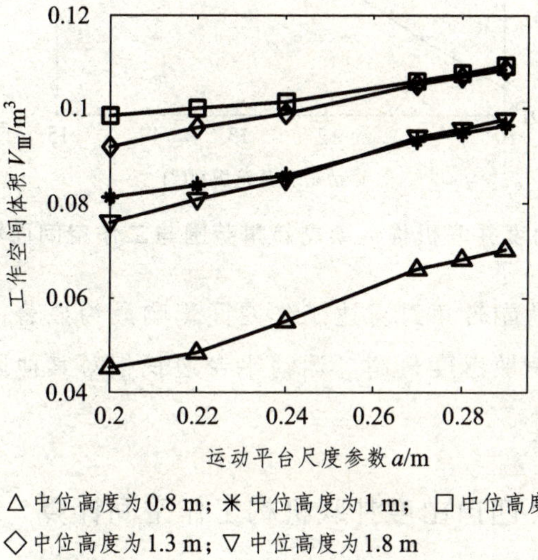

图 4-6　3T1R 四自由度并联机构工作空间体积随运动平台尺度和中位高度变化曲线

可以发现，在上述几个尺度参数下，随着运动平台边长的增加，工作空间体积单调递增。中位高度为 0.8 m 时，工作空间体积最小；中位高度为 1.2 m 时，工作空间体积最大，此时的工作空间体积能达到中位高度为 0.8 m 时的 2 倍；中位高度为 1.8 m 和 1 m 时，工作空间体积相差不大。

其余参数不变，驱动支链运动副转角范围 θ 由 10°增大到 15°，工作空间体积迅速增加。转角范围为 10°时，工作空间体积为 0.0128 m^3；转角范围为 15°时，工作空间体积为 0.0438 m^3，增大了近 2.5 倍。其体积变化如图 4-7 所示。

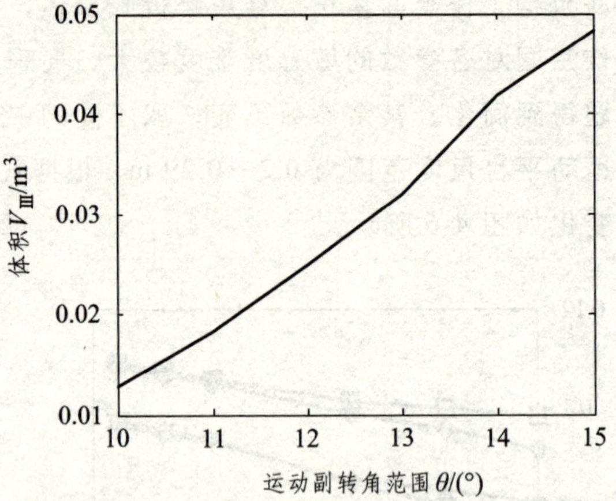

图 4-7　$3T1R_z$ 四自由度并联机构运动副转角范围与工作空间面积关系曲线

综上所述，运动副转角对可达工作空间影响最为显著，即工作空间体积对运动副转角敏感度最高。运动平台边长相对其他因素而言，对工作空间影响较小。

4.6.2　2T2R 四自由度并联机构工作空间计算

运动平台具有两个转动和两个移动自由度时，中心点 P 的轨迹位于一个平面内，工作空间降维。因此，衡量机构的工作空间大小变为面积，轨迹点及边界点的计算流程与 3T1R 四自由度并联机构类似，只是循环变量减少一个。

机构结构参数：运动平台参数 $a=d=0.2$ m，固定平台参数分别为 $b=0.5$ m 和 $c=0.3$ m；支链长度 $l_i\in[1, 1.4]$。计算步长Δx、Δy、Δz均取为 0.02；所有构型的运动副最大转角均取 15°，姿态角α、β和γ取 5°，中位高度为 1.2 m，位置参数 x、$y\in[-0.4, 0.4]$，$z\in[0.9, 1.4]$，液压缸最大截面圆的直径 D 取 0.015 m。$2T_{xy}2R_{xy}$、$2T_{yz}2R_{xy}$、$2T_{xy}2R_{xz}$、$2T_{xz}2R_{xz}$ 和 $2T_{yz}2R_{xz}$ 四自由度的并联机构工作空间“点集”如图 4-8 所示。

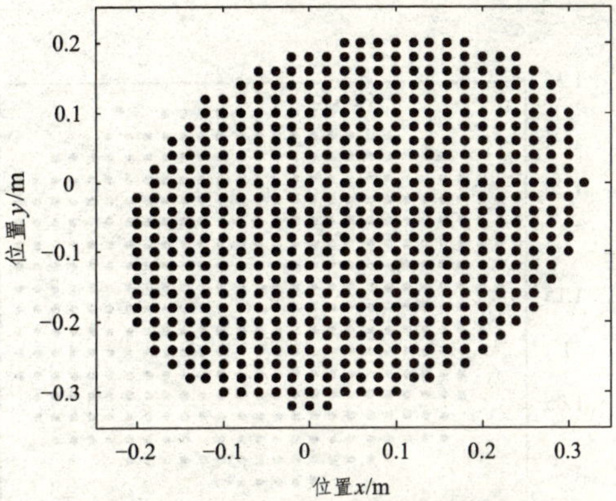

(a) $2T_{xy}2R_{xy}$ 型并联机构工作空间“点集”

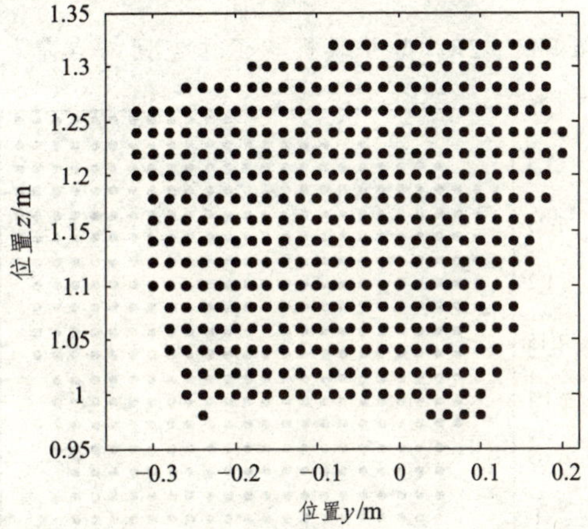

(b) $2T_{yz}2R_{xy}$ 型并联机构工作空间“点集”

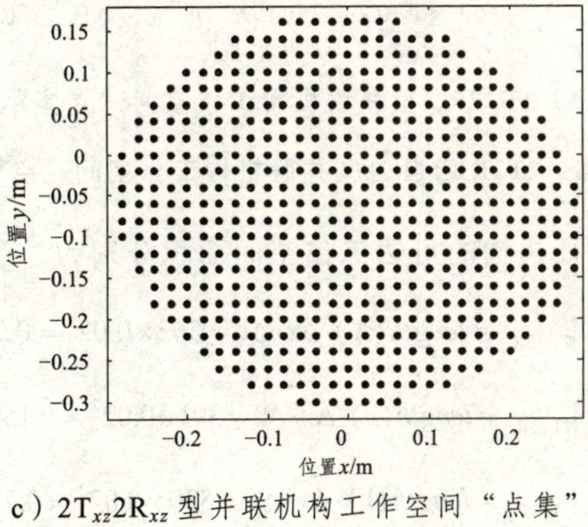

(c) $2T_{xz}2R_{xz}$ 型并联机构工作空间“点集”

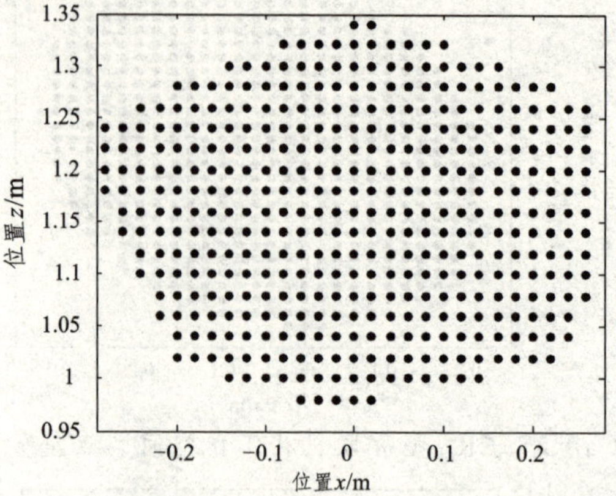

（d）$2T_{xy}2R_{xz}$ 型并联机构工作空间“点集”

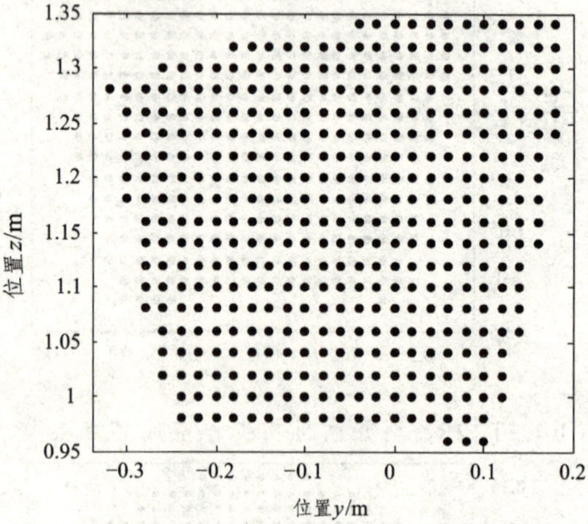

（e）$2T_{yz}2R_{xz}$ 型并联机构工作空间“点集”

图 4-8　2T2R 四自由度并联机构工作空间“点集”

不同运动特征机构的可达工作空间面积分别为

$$V_{\mathrm{II}}\big|_{2\mathrm{T}_{xy}2\mathrm{R}_{xy}} = length(X)\cdot\Delta x\cdot\Delta y = 562\times0.02^2 = 0.2248\ (\mathrm{m}^2)$$

$$V_{\mathrm{II}}\big|_{2\mathrm{T}_{yz}2\mathrm{R}_{xy}} = length(Y)\cdot\Delta y\cdot\Delta z = 391\times0.02^2 = 0.1564\ (\mathrm{m}^2)$$

$$V_{\mathrm{II}}\big|_{2\mathrm{T}_{xy}2\mathrm{R}_{xz}} = length(Y)\cdot\Delta x\cdot\Delta y = 539\times0.02^2 = 0.2156\ (\mathrm{m}^2)$$

$$V_{\text{II}}\big|_{2T_{xz}2R_{xz}} = length(X)\cdot\Delta x\cdot\Delta z = 408\times0.02^2 = 0.1632\ (\text{m}^2)$$

$$V_{\text{II}}\big|_{2T_{yz}2R_{xz}} = length(Y)\cdot\Delta y\cdot\Delta z = 415\times0.02^2 = 0.166\ (\text{m}^2)$$

同一构型下，尺度参数相同但运动特征不同的并联机构可达区域差别较大，$2T_{xy}2R_{xy}$ 四自由度并联机构可达区域最大，$2T_{yz}2R_{xz}$ 四自由度并联机构可达区域最小，$2T_{xy}2R_{xy}$ 四自由度并联机构的可达区域是 $2T_{yz}2R_{xz}$ 四自由度并联机构的 1.35 倍。其余参数不变，仅改变中位高度和运动平台边长，不同构型下工作空间面积变化如图 4-9 所示。

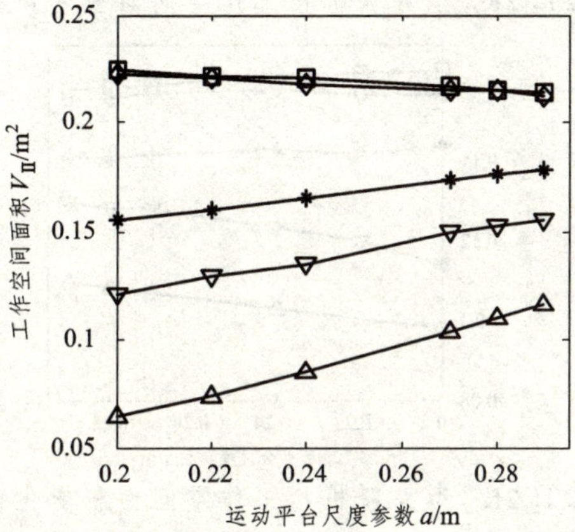

（a）$2T_{xy}2R_{xy}$ 型并联机构工作空间面积变化曲线

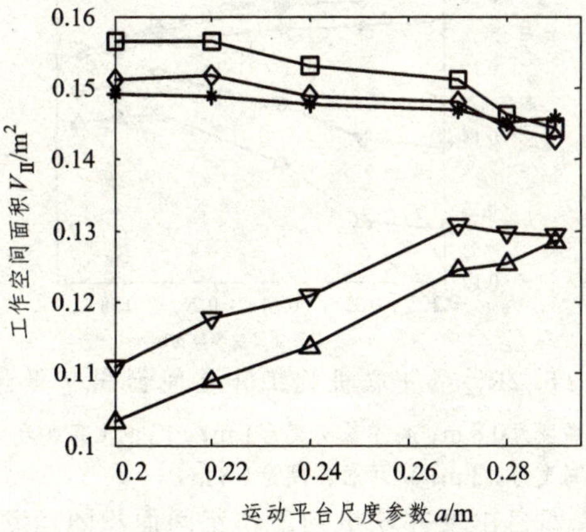

（b）$2T_{yz}2R_{xy}$ 型并联机构工作空间面积变化曲线

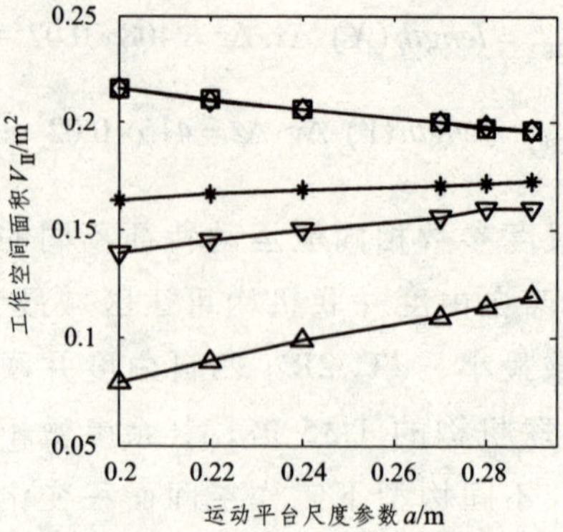

（c）$2T_{xy}2R_{xz}$ 型并联机构工作空间面积变化曲线

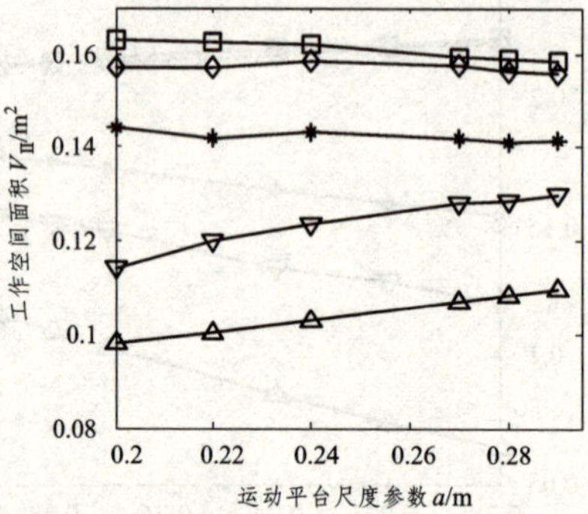

（d）$2T_{xz}2R_{xz}$ 型并联机构工作空间面积变化曲线

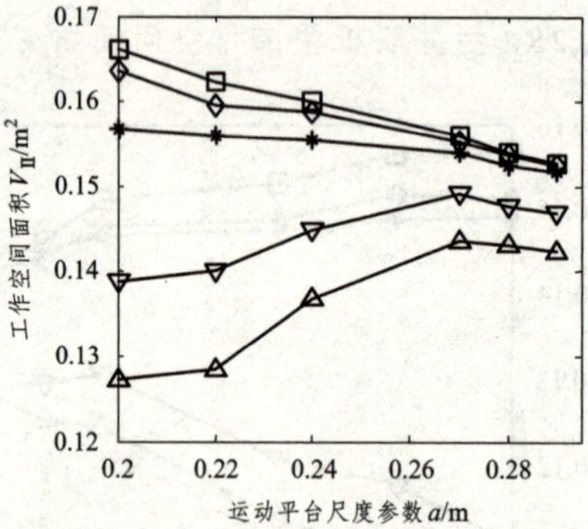

（e）$2T_{yz}2R_{xz}$ 型并联机构工作空间面积变化曲线

△ 中位高度为0.8 m；✳ 中位高度为1 m； □ 中位高度为 1.2 m；
◇ 中位高度为1.3 m；▽ 中位高度为1.8 m

图 4-9 2T2R 四自由度并联机构工作空间面积随运动平台尺度和中位高度变化曲线

对于 2T2R 四自由度并联机构，当中位高度位于 1.2 m 或 1.3 m 时，工作空间面积较大。其中 $2T_{xy}2R_{xy}$ 和 $2T_{xy}2R_{xz}$ 四自由度并联机构的中位高度为 1.2 m 或 1.3 m 时，无论运动平台尺度如何变化，工作空间大小几乎相同；对于其余构型，中位高度为 1.2 m 时，无论运动平台尺度如何变化，工作空间面积最大。中位高度为 0.8 m 时，无论哪种构型，在同样的运动平台尺度下，工作空间面积均最小。

$2T_{xy}2R_{xy}$ 四自由度并联机构的中位高度为 1.2 m 或 1.3 m 时，工作空间面积随运动平台边长增大单调递减；中位高度为 0.8 m、1 m 或 1.8 m 时，工作空间面积随运动平台边长增大单调递增。$2T_{yz}2R_{xy}$ 四自由度并联机构的中位高度为 1 m、1.2 m 或 1.3 m 时，工作空间面积随运动平台边长增大单调递减；中位高度为 0.8 m 时，工作空间面积随运动平台边长增大单调递增；中位高度为 1.8 m 时，工作空间面积随运动平台边长增大而先增后减。$2T_{xy}2R_{xz}$ 四自由度并联机构构型的中位高度为 1.2 m 或 1.3 m 时，工作空间面积随运动平台边长增大单调递减；中位高度为 0.8 m、1 m 或 1.8 m 时，工作空间面积随运动平台边长增大单调递增。$2T_{xz}2R_{xz}$ 四自由度并联机构的中位高度为 1.2 m 或 1.3 m 时，工作空间面积随运动平台边长增大单调递减；中位高度为 0.8 m 和 1.8 m 时，工作空间面积随运动平台边长增大单调递增；中位高度为 1 m 时，运动平台边长变化对工作空间面积影响不大。$2T_{yz}2R_{xz}$ 四自由度并联机构的中位高度为 1 m、1.2 m 或 1.3 m 时，工作空间面积随运动平台边长增大单调递减；中位高度为 0.8 m 或 1.8 m 时，工作空间面积随运动平台边长增大而先增后减。

其余参数不变，仅改变驱动支链运动副转角范围，由 10°增加到 15°时，不同运动特征机构工作空间面积计算结果如表 4-2 所示。随着运动副转角范围的增大，$2T_{xy}R_{xy}$、$2T_{yz}2R_{xy}$、$2T_{xy}2R_{xz}$、$2T_{xz}2R_{xz}$ 和 $2T_{yz}2R_{xz}$ 四自由度并联机构工作空间面积分别增加了 193%、94%、219%、82%和 86%。综上所述，$2T_{xy}2R_{xz}$ 四自由度并联机构对转角范围敏感度最高，$2T_{xz}2R_{xz}$ 四自由度并联机构敏感度相对较小。

表 4-2　2T2R 四自由度并联机构运动副转角范围与工作空间面积关系

运动副转角范围	工作空间面积（$2T_{xy}R_{xy}$）/m^2	工作空间面积（$2T_{yz}2R_{xy}$）/m^2	工作空间面积（$2T_{xy}2R_{xz}$）/m^2	工作空间面积（$2T_{xz}2R_{xz}$）/m^2	工作空间面积（$2T_{yz}2R_{xz}$）/m^2
10°	0.0768	0.0808	0.0676	0.0896	0.0892
11°	0.1016	0.0964	0.092	0.1068	0.1036
12°	0.1284	0.112	0.1172	0.1212	0.1188
13°	0.1576	0.1276	0.1468	0.1364	0.1352
14°	0.1904	0.1416	0.1788	0.1504	0.1508
15°	0.2248	0.1564	0.2156	0.1632	0.166

4.6.3　1T3R 四自由度并联机构工作空间计算

运动平台具有三个转动和一个移动自由度时，中心点 P 的轨迹在一条直线上，工作空间再次降维。因此，衡量机构的工作空间大小变为长度，轨迹点及边界点的计算流程与 3T1R 四自由度并联机构类似，只需改变循环变量即可求得。

运动平台尺度参数为 $a=d=0.2\sim0.29$ m，固定平台尺度为 $b=0.5$ m 和 $c=0.3$ m；支链长度 $l_i\in[1, 1.4]$；计算步长Δx、Δz 均取为 0.001；无论机构处于哪种构型，运动副最大转角为 15°，姿态角均取 5°，中位高度为 1.2 m，位置参数 x、$y\in[-0.4, 0.4]$，$z\in[0.9, 1.4]$，液压缸最大截面圆的直径 D 取 0.015 m。两种不同运动特征的并联机构工作空间长度如图 4-10 所示。

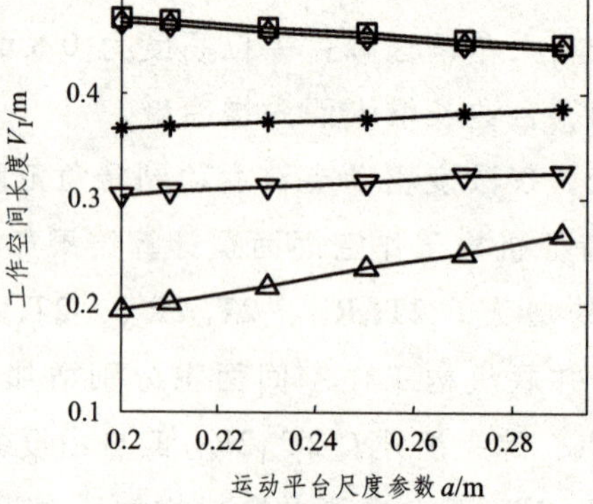

（a）$1T_x3R$ 型并联机构

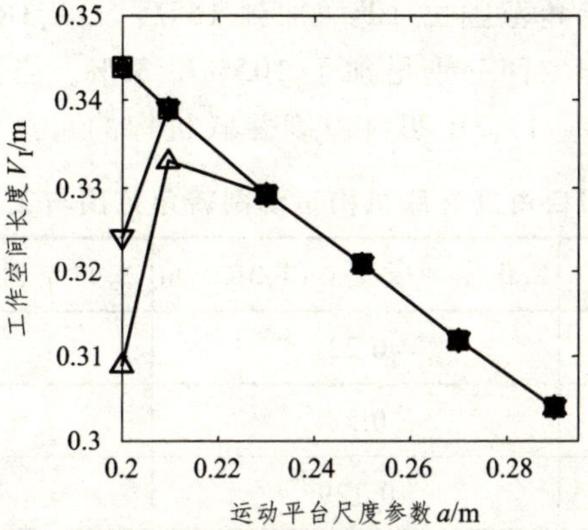

（b）$1T_z3R$ 型并联机构

△ 中位高度为 0.8 m；✳ 中位高度为 1 m；□ 中位高度为 1.2 m；
◇ 中位高度为 1.3 m；▽ 中位高度为 1.8 m

图 4-10　1T3R 四自由度并联机构工作空间面积随运动平台和中位高度变化曲线

$1T_x3R$ 四自由度并联机构的工作空间存在如下特点：

① 中位高度为 1.2 m 或 1.3 m 时，工作空间范围较长，线段长度随运动平台边长增大单调递减；

② 中位高度为 0.8 m 时，工作空间范围较短；

③ 中位高度为 0.8 m、1 m 和 1.8 m 时，工作空间长度随运动平台边长增大单调递增。

$1T_z3R$ 四自由度并联机构的工作空间的特点有：

① 中位高度为 1 m、1.2 m 和 1.3 m 时，在同一运动空间尺度下，工作空间长度始终相等且随运动平台边长增大单调递减；

② 中位高度为 0.8 m 时，运动平台边长小于 0.23 m 时，工作空间长度较小；当运动平台尺度大于 0.23 m 时，与①中，在同尺度参数下，工作空间长度相等；

③ 中位高度为 1.8 m 时，运动平台边长小于 0.21 m 时，工作空间长度较小；当运动平台尺度大于 0.21 m 时，与①中，在同尺度参数下，工作空间长度相等。

运动平台参数 $a = d = 0.2$ m，其余参数不变，驱动支链的运动副转角范围由 10°逐渐增大到 15°时，工作空间的变化如表 4-3 所示。可以发现，运动副转角范围由10°增加到15°后，$1T_x3R$和$1T_z3R$四自由度并联机构的工作空间分别增加了105%和35%。当运动转角由12°增加到15°的过程中，$1T_z3R$四自由度并联机构的可达范围不再变化。

表 4-3 1T3R 四自由度并联机构运动副转角范围与工作空间长度关系

运动副转角范围	工作空间长度（$1T_x3R$）/m	工作空间长度（$1T_z3R$）/m
10°	0.23	0.254
11°	0.28	0.342
12°	0.329	0.344
13°	0.376	0.344
14°	0.424	0.344
15°	0.471	0.344

综上所述，$1T_x3R$四自由度并联机构对运动副转角范围的敏感度高，在同一尺度下，工作空间长度与运动平台长度基本呈线性关系。与$1T_x3R$四自由度并联机构相比，$1T_z3R$四自由度并联机构对运动副转角范围敏感度相对较低，中位高度对工作空间影响也不明显，而运动平台的边长对工作空间影响更为显著。

给定运动平台中心点位置，采用类似的方法可以得到运动平台的姿态工作空间。

4.7 本章小结

本章分析了4-UPU/UPS/SPS并联机构的位置工作空间，采用数值法计算了运动平台中心点的位置工作空间，具体结论如下：

(1) 提出了采用“点集”来计算位置工作空间大小，解决了不规则工作空间区域不易计算的问题。该方法具有不受工作空间内部“空洞”影响等优点。同时引入敏感度概念，计算机构尺度参数对工作空间大小的影响。

(2) 通过对不同运动特征的四自由度并联机构的分析发现，运动副转角对工作空间的影响较显著。

(3) 考虑了与运动/固定平台相连的驱动支链的运动副初始安装位置对工作空间的影响，为运动副的安装方位提供了依据。

(4) 运动平台边长增大时，工作空间未必会增大，敏感度较小。运动平台尺度参数对工作空间大小影响不大。

综上所述，机构运动平台尺度参数与工作空间可达区域并非简单的单调递增或递减，仅有运动副转角范围与工作空间大小是单调关系。工作空间范围的确定为运动轨迹规划提供了依据。尺度参数的选取需根据实际使用要求及制造成本综合考虑。

5 少自由度并联机构运动性能评价指标与尺度分析

5.1 概 述

机构的性能评价是机器人研究的重要内容之一，它对结构参数选取和控制策略的拟定具有重要作用。为了量化机构动力学性能，很多学者都曾做过相关研究。近年来，国内外学者对机构的性能评价指标进行了大量的研究工作，很多学者提出了相应的研究方法。

为了更好地了解不同机构的性能评价指标，多方面研究机构的运动学和动力学性能具有十分重要的意义。本章根据 4-UPU/UPS/SPS 并联机构位置关系方程，利用求导法得到了并联机构一阶、二阶影响系数矩阵，分析了机构的运动学和动力学性能评价指标，得到了各类指标与一阶、二阶影响系数矩阵的关系。四自由度并联机构既有转动自由度，又有移动自由度，考虑速度与角速度的量纲不同，力和力矩的量纲亦不同，将 Jacobian 矩阵分离，单独研究与转动和移动相关的性能指标。采用“分层”研究的方式，得到了与二阶影响系数矩阵相关的并联机构运动性能评价指标结果。

5.2 建立 4-UPU/UPS/SPS 并联机构的一阶影响系数矩阵

以 $3T1R_z$ 四自由度并联机构为例，对运动性能指标进行分析。机构各支链伸缩速度为 $\dot{l}$，运动平台广义速度为 $\dot{X}$，其中

$$\dot{\boldsymbol{l}}=(\dot{l}_1 \quad \dot{l}_2 \quad \dot{l}_3 \quad \dot{l}_4)^{\mathrm{T}}$$

$$\dot{\boldsymbol{X}}=(\dot{x} \quad \dot{y} \quad \dot{z} \quad \dot{\alpha})^{\mathrm{T}}$$

根据第 3 章内容可知，不同构型下输入与输出满足式（3-7）。为了表达方便，令 $\boldsymbol{J}_{dir}^{3\mathrm{T1R}_z}=\boldsymbol{J}_{dir}$，即

$$\dot{\boldsymbol{l}}=\boldsymbol{J}_{dir}\dot{\boldsymbol{X}} \tag{5-1}$$

如果 $\boldsymbol{J}_{dir}$ 非奇异，则存在

$$\dot{\boldsymbol{X}}=\boldsymbol{J}_{inv}\dot{\boldsymbol{l}} \tag{5-2}$$

其中 $\boldsymbol{J}_{inv}=(\boldsymbol{J}_{dir})^{-1}$。

$\boldsymbol{J}_{dir}$ 是各支链输入速度对运动平台位姿速度的一阶影响系数矩阵；$\boldsymbol{J}_{inv}$ 为机构的逆 Jacobian 矩阵，也是运动平台位姿速度对各支链输入速度的一阶影响系数矩阵。

5.3 建立 4-UPU/UPS/SPS 并联机构的二阶影响系数矩阵

输入、输出速度关系方程式（5-1）和（5-2）对时间求导得

$$\ddot{\boldsymbol{l}}=\boldsymbol{J}_{dir}\ddot{\boldsymbol{X}}+\boldsymbol{K}_{dir}(\dot{\boldsymbol{X}}^{\mathrm{T}} \quad \dot{\boldsymbol{X}}^{\mathrm{T}} \quad \dot{\boldsymbol{X}}^{\mathrm{T}} \quad \dot{\boldsymbol{X}}^{\mathrm{T}})^{\mathrm{T}}\dot{\boldsymbol{X}} \tag{5-3}$$

$$\ddot{\boldsymbol{X}}=\boldsymbol{J}_{inv}\ddot{\boldsymbol{l}}+\boldsymbol{K}_{inv}(\dot{\boldsymbol{X}}^{\mathrm{T}} \quad \dot{\boldsymbol{X}}^{\mathrm{T}} \quad \dot{\boldsymbol{X}}^{\mathrm{T}} \quad \dot{\boldsymbol{X}}^{\mathrm{T}})^{\mathrm{T}}\dot{\boldsymbol{l}} \tag{5-4}$$

其中 $\boldsymbol{K}_{dir}=(\boldsymbol{K}_{dir1} \quad \boldsymbol{K}_{dir2} \quad \boldsymbol{K}_{dir3} \quad \boldsymbol{K}_{dir4})$，$\boldsymbol{K}_{inv}=(\boldsymbol{K}_{inv1} \quad \boldsymbol{K}_{inv2} \quad \boldsymbol{K}_{inv3} \quad \boldsymbol{K}_{inv4})$，矩阵中元素 $\boldsymbol{K}_{diri}$ 和 $\boldsymbol{K}_{invi}$（$1\leqslant i\leqslant 4$）分别为

$$\boldsymbol{K}_{diri}=\begin{pmatrix}
\dfrac{\partial J_{dir1i}}{\partial x} & \dfrac{\partial J_{dir1i}}{\partial y} & \dfrac{\partial J_{dir1i}}{\partial z} & \dfrac{\partial J_{dir1i}}{\partial \alpha} \\
\dfrac{\partial J_{dir2i}}{\partial x} & \dfrac{\partial J_{dir2i}}{\partial y} & \dfrac{\partial J_{dir2i}}{\partial z} & \dfrac{\partial J_{dir2i}}{\partial \alpha} \\
\dfrac{\partial J_{dir3i}}{\partial x} & \dfrac{\partial J_{dir3i}}{\partial y} & \dfrac{\partial J_{dir3i}}{\partial z} & \dfrac{\partial J_{dir3i}}{\partial \alpha} \\
\dfrac{\partial J_{dir4i}}{\partial x} & \dfrac{\partial J_{dir4i}}{\partial y} & \dfrac{\partial J_{dir4i}}{\partial z} & \dfrac{\partial J_{dir4i}}{\partial \alpha}
\end{pmatrix}$$

$$
\boldsymbol{K}_{invi}=\begin{pmatrix}
\dfrac{\partial J_{inv1i}}{\partial x} & \dfrac{\partial J_{inv1i}}{\partial y} & \dfrac{\partial J_{inv1i}}{\partial z} & \dfrac{\partial J_{inv1i}}{\partial \alpha} \\
\dfrac{\partial J_{inv2i}}{\partial x} & \dfrac{\partial J_{inv2i}}{\partial y} & \dfrac{\partial J_{inv2i}}{\partial z} & \dfrac{\partial J_{inv2i}}{\partial \alpha} \\
\dfrac{\partial J_{inv3i}}{\partial x} & \dfrac{\partial J_{inv3i}}{\partial y} & \dfrac{\partial J_{inv3i}}{\partial z} & \dfrac{\partial J_{inv3i}}{\partial \alpha} \\
\dfrac{\partial J_{inv4i}}{\partial x} & \dfrac{\partial J_{inv4i}}{\partial y} & \dfrac{\partial J_{inv4i}}{\partial z} & \dfrac{\partial J_{inv4i}}{\partial \alpha}
\end{pmatrix}
$$

式（5-4）和（5-3）为机构加速度正、逆解方程。$\boldsymbol{K}_{dir}$ 和 $\boldsymbol{K}_{inv}$ 分别称为支链输入加速度对运动平台位姿加速度的二阶影响系数矩阵和运动平台位姿加速度对各支链输入加速度的二阶影响系数矩阵。

以单个支链 l_i 为研究对象，加速度关系方程为

$$
\ddot{\boldsymbol{l}}_i=\boldsymbol{J}_{dir}^i\ddot{\boldsymbol{X}}+\dot{\boldsymbol{X}}^{\mathrm{T}}\boldsymbol{K}_{dir}^i\dot{\boldsymbol{X}} \tag{5-5}
$$

其中

$$
\boldsymbol{J}_{dir}^i=(J_{diri1}\quad J_{diri2}\quad J_{diri3}\quad J_{diri4})
$$

$$
\boldsymbol{K}_{dir}^i=\begin{pmatrix}
\dfrac{\partial J_{diri1}}{\partial x} & \dfrac{\partial J_{diri2}}{\partial x} & \dfrac{\partial J_{diri3}}{\partial x} & \dfrac{\partial J_{diri4}}{\partial x} \\
\dfrac{\partial J_{diri1}}{\partial y} & \dfrac{\partial J_{diri2}}{\partial y} & \dfrac{\partial J_{diri3}}{\partial y} & \dfrac{\partial J_{diri4}}{\partial y} \\
\dfrac{\partial J_{diri1}}{\partial z} & \dfrac{\partial J_{diri2}}{\partial z} & \dfrac{\partial J_{diri3}}{\partial z} & \dfrac{\partial J_{diri4}}{\partial z} \\
\dfrac{\partial J_{diri1}}{\partial \alpha} & \dfrac{\partial J_{diri2}}{\partial \alpha} & \dfrac{\partial J_{diri3}}{\partial \alpha} & \dfrac{\partial J_{diri4}}{\partial \alpha}
\end{pmatrix}
$$

对于任一广义输出向量 X_i：

$$
\ddot{X}_i=\boldsymbol{M}_1^i+\boldsymbol{M}_2^i \tag{5-6}
$$

式中

$$
\boldsymbol{M}_1^i=\boldsymbol{J}_{inv}^i\ddot{\boldsymbol{l}}
$$

$$
\boldsymbol{M}_2^i=\dot{\boldsymbol{X}}^{\mathrm{T}}\boldsymbol{K}_{inv}^i\dot{\boldsymbol{l}}
$$

其中

$$\boldsymbol{J}_{inv}^{i}=(J_{invi1}\quad J_{invi2}\quad J_{invi3}\quad J_{invi4})$$

$$\boldsymbol{K}_{inv}^{i}=\begin{pmatrix}\frac{\partial J_{invi1}}{\partial x} & \frac{\partial J_{invi2}}{\partial x} & \frac{\partial J_{invi3}}{\partial x} & \frac{\partial J_{invi4}}{\partial x}\\ \frac{\partial J_{invi1}}{\partial y} & \frac{\partial J_{invi2}}{\partial y} & \frac{\partial J_{invi3}}{\partial y} & \frac{\partial J_{invi4}}{\partial y}\\ \frac{\partial J_{invi1}}{\partial z} & \frac{\partial J_{invi2}}{\partial z} & \frac{\partial J_{invi3}}{\partial z} & \frac{\partial J_{invi4}}{\partial z}\\ \frac{\partial J_{invi1}}{\partial \alpha} & \frac{\partial J_{invi2}}{\partial \alpha} & \frac{\partial J_{invi3}}{\partial \alpha} & \frac{\partial J_{invi4}}{\partial \alpha}\end{pmatrix}$$

5.4 4-UPU/UPS/SPS 并联机构性能评价指标分析

机构的运动性能评价指标主要包括速度、加速度、承载力、驱动力和惯性力等。其中速度、承载力、驱动力性能指标由机构的一阶影响系数决定，而加速度和惯性力性能指标与二阶影响系数有关，各性能指标分析如下。

5.4.1 速度性能指标

机构的位置关系方程组两边对时间求导得到机构的速度映射方程，此方程所表示的关系最为重要，直接体现了机构的运动精度。若机构各支链和运动平台的输入和输出扰动为 $\delta\dot{\boldsymbol{l}}$ 和 $\delta\dot{\boldsymbol{X}}$，根据式（5-2）得

$$\dot{\boldsymbol{X}}+\delta\dot{\boldsymbol{X}}=\boldsymbol{J}_{inv}(\dot{\boldsymbol{l}}+\delta\dot{\boldsymbol{l}}) \tag{5-7}$$

所以

$$\delta\dot{\boldsymbol{X}}=\boldsymbol{J}_{inv}\delta\dot{\boldsymbol{l}} \tag{5-8}$$

存在

$$\|\delta\dot{\boldsymbol{X}}\|=\|\boldsymbol{J}_{inv}\delta\dot{\boldsymbol{l}}\|\leqslant\|\boldsymbol{J}_{inv}\|\|\delta\dot{\boldsymbol{l}}\| \tag{5-9}$$

又因

$$\|\dot{\boldsymbol{l}}\| = \|\boldsymbol{J}_{dir}\dot{\boldsymbol{X}}\| \leqslant \|\boldsymbol{J}_{dir}\|\|\dot{\boldsymbol{X}}\| \tag{5-10}$$

因此

$$\frac{\|\delta\dot{\boldsymbol{X}}\|}{\|\dot{\boldsymbol{X}}\|} \leqslant \|\boldsymbol{J}_{inv}\|\|\boldsymbol{J}_{dir}\|\frac{\|\delta\dot{\boldsymbol{l}}\|}{\|\dot{\boldsymbol{l}}\|} \tag{5-11}$$

其中$\|\boldsymbol{J}_{inv}\|\|\boldsymbol{J}_{dir}\|$是矩阵的条件数，表示输出对误差的敏感性，是机构运动精度的度量，记为 k_{Jinv}。k_{Jinv} 越小，机构的速度偏差也越小。

5.4.2 承载力、驱动力性能指标

机构的承载力是机构运动平台承受的广义力，驱动力为各支链在运动平台位于不同位姿时所承受的轴向力。定义支链输入的驱动力为 $\boldsymbol{f}$，运动平台受到的广义外力为 $\boldsymbol{F}$。由于机构速度映射与力映射之间存在明显的对偶关系，存在

$$\boldsymbol{f} = \boldsymbol{J}_{inv}^{\mathrm{T}}\boldsymbol{F} \tag{5-12}$$

因此，机构的承载力和驱动力出现扰动，其性能评价与速度性能指标分析类似。

5.4.3 加速度性能指标

大多数并联机构的各支链与运动平台之间的位置关系为一强耦合的非线性方程组，输入与输出之间的加速度关系复杂。当各支链存在加速度扰动 $\delta\ddot{\boldsymbol{l}}$，动平台的广义加速度扰动 $\delta\ddot{\boldsymbol{X}}$ 不仅与 $\delta\ddot{\boldsymbol{l}}$ 有关，同时还与速度扰动有关。根据式（5-4）可得

$$\begin{aligned}\ddot{\boldsymbol{X}} + \delta\ddot{\boldsymbol{X}} = {} & \boldsymbol{J}_{inv}(\ddot{\boldsymbol{l}} + \delta\ddot{\boldsymbol{l}}) + \\ & \boldsymbol{K}_{inv}(\dot{\boldsymbol{X}}^{\mathrm{T}} + \delta\dot{\boldsymbol{X}}^{\mathrm{T}} \quad \dot{\boldsymbol{X}}^{\mathrm{T}} + \delta\dot{\boldsymbol{X}}^{\mathrm{T}} \quad \dot{\boldsymbol{X}}^{\mathrm{T}} + \delta\dot{\boldsymbol{X}}^{\mathrm{T}} \quad \dot{\boldsymbol{X}}^{\mathrm{T}} + \delta\dot{\boldsymbol{X}}^{\mathrm{T}})^{\mathrm{T}}(\dot{\boldsymbol{l}} + \delta\dot{\boldsymbol{l}})\end{aligned} \tag{5-13}$$

对于任一广义输出变量 X_i 存在输出扰动 δX_i 时，根据式（5-6）得

$$\ddot{\boldsymbol{X}}_i + \delta\ddot{\boldsymbol{X}}_i = \boldsymbol{J}_{inv}^i(\ddot{\boldsymbol{l}} + \delta\ddot{\boldsymbol{l}}) + (\dot{\boldsymbol{X}}^{\mathrm{T}} + \delta\dot{\boldsymbol{X}}^{\mathrm{T}})\boldsymbol{K}_{inv}^i\left(\dot{\boldsymbol{l}} + \delta\dot{\boldsymbol{l}}\right) \tag{5-14}$$

存在

$$\delta\boldsymbol{M}_1^i = \boldsymbol{J}_{inv}^i(\ddot{\boldsymbol{l}} + \delta\ddot{\boldsymbol{l}}) - \boldsymbol{J}_{inv}^i\ddot{\boldsymbol{l}} = \boldsymbol{J}_{inv}^i\delta\ddot{\boldsymbol{l}}$$

根据式（5-11）易得

$$\frac{\left\|\delta\boldsymbol{M}_1^i\right\|}{\left\|\boldsymbol{M}_1^i\right\|} \leqslant \left\|\boldsymbol{J}_{inv}^i\right\|\left\|\boldsymbol{J}_{dir}^{i\ -1}\right\|\frac{\left\|\delta\ddot{\boldsymbol{l}}\right\|}{\left\|\ddot{\boldsymbol{l}}\right\|} \tag{5-15}$$

又

$$\boldsymbol{M}_2^i = \dot{\boldsymbol{X}}^{\mathrm{T}}\boldsymbol{K}_{inv}^i\dot{\boldsymbol{l}}$$

所以

$$\delta\boldsymbol{M}_2^i = \dot{\boldsymbol{X}}^{\mathrm{T}}\boldsymbol{K}_{inv}^i\delta\dot{\boldsymbol{l}} + \delta\dot{\boldsymbol{X}}^{\mathrm{T}}\boldsymbol{K}_{inv}^i\dot{\boldsymbol{l}} + \delta\dot{\boldsymbol{X}}^{\mathrm{T}}\boldsymbol{K}_{inv}^i\delta\dot{\boldsymbol{l}} \tag{5-16}$$

由于

$$\frac{1}{\left\|\boldsymbol{M}_2^i\right\|} \leqslant \frac{\left\|(\dot{\boldsymbol{X}}^{\mathrm{T}})^{-1}\right\|\left\|\boldsymbol{K}_{dir}^i\right\|}{\left\|\dot{\boldsymbol{l}}\right\|} \tag{5-17}$$

且

$$\left\|\delta\boldsymbol{M}_2^i\right\| \leqslant \left\|\dot{\boldsymbol{X}}^{\mathrm{T}}\right\|\left\|\boldsymbol{K}_{inv}^i\right\|\left\|\delta\dot{\boldsymbol{l}}\right\| + \left\|\delta\dot{\boldsymbol{X}}^{\mathrm{T}}\right\|\left\|\boldsymbol{K}_{inv}^i\right\|\left\|\dot{\boldsymbol{l}}\right\| + \left\|\delta\dot{\boldsymbol{X}}^{\mathrm{T}}\right\|\left\|\boldsymbol{K}_{inv}^i\right\|\left\|\dot{\boldsymbol{l}}\right\| \tag{5-18}$$

存在

$$\frac{\left\|\delta\boldsymbol{M}_2^i\right\|}{\left\|\boldsymbol{M}_2^i\right\|} \leqslant \frac{\left\|\boldsymbol{K}_{inv}^i\right\|\left\|\boldsymbol{K}_{dir}^i\right\|\left\|(\dot{\boldsymbol{X}}^{\mathrm{T}})^{-1}\right\|\left(\left\|\dot{\boldsymbol{X}}^{\mathrm{T}}\right\|\left\|\delta\dot{\boldsymbol{l}}\right\| + \left\|\delta\dot{\boldsymbol{X}}^{\mathrm{T}}\right\|\left\|\dot{\boldsymbol{l}}\right\| + \left\|\delta\dot{\boldsymbol{X}}^{\mathrm{T}}\right\|\left\|\dot{\boldsymbol{l}}\right\|\right)}{\left\|\dot{\boldsymbol{l}}\right\|} \tag{5-19}$$

根据式（5-15）和（5-19），加之文献[158]的推导过程可知，加速度扰动与 $\left\|\boldsymbol{J}_{inv}^i\right\|\left\|\boldsymbol{J}_{dir}^i\right\|$ 和 $\left\|\boldsymbol{K}_{inv}^i\right\|\left\|\boldsymbol{K}_{dir}^i\right\|$ 有关，而 $\left\|\boldsymbol{K}_{inv}^i\right\|\left\|\boldsymbol{K}_{dir}^i\right\|$ 为 $\boldsymbol{K}_{inv}^i$ 的条件数记为 k_{kinv}^i。k_{Jinv}^i 和 k_{kinv}^i 越小，机构的加速度偏差也越小。

5.4.4 惯性力性能指标

惯性力 $\boldsymbol{F}$ 为质量与加速度的乘积，质量不受扰动的影响。根据前述分析，性能指标需同时包含 $\boldsymbol{G}$ 和 $\boldsymbol{H}$，为了得到各支链扰动对惯性力敏感程度，对机构的惯性力性能评价，采用式（5-20）的评价方法。

$$k^i_{Jinv+Kinv}=\left\|\boldsymbol{J}^i_{inv}\right\|+\left\|\boldsymbol{K}^i_{inv}\right\| \tag{5-20}$$

5.4.5 全域性能指标评价

根据 1991 年 Gosselin 提出的工作空间内全域性能指标来评定串联机构的性能[107]，本章亦采用此方法来评价并联机构。性能评价表达式如下：

$$\eta=\frac{\int_W \frac{1}{k}\mathrm{d}W}{\int_W \mathrm{d}W} \tag{5-21}$$

式中 η——全域性能度量指标；

W——机构的可达工作空间；

k——矩阵条件数。

由于 $k\geqslant 1$，故 $\eta\in[0,1]$。式（5-21）的数学意义是：k 的倒数在工作空间内的均值，即机构运动平台在可达工作空间内所有点的性能指标均值。

5.5 数值算例

5.5.1 3T1R$_z$四自由度并联机构性能指标分析

机构的结构参数选取如下：$a=d=0.2$ m，$b=0.5$ m，$c=0.3$ m；姿态角 α 等于 10°；z 的初值为 0.8 m，终值为 1.4 m，步长为 0.1；x 和 y 的初值为 -0.3 m，终值为 0.3 m，步长为 0.025。为了便于观察运动性能，各性能图谱仅列出 z 等于 1 m、1.1 m 和 1.2 m 三个运动层，以 x 和 y 作为横轴和纵轴，各性能指标为竖轴。

机构的 Jacobian 矩阵 $\boldsymbol{J}_{inv} \in R^{4\times4}$，其中前三行组成 3×4 矩阵，记为 $\boldsymbol{J}_{invT}$；最后一行为 1×4 矩阵，记为 $\boldsymbol{J}_{invR}$。$\boldsymbol{J}_{invT}$ 和 $\boldsymbol{J}_{invR}$ 具有不同的量纲，分别作为速度和力、角速度和力矩的性能评定指标，因此，k_{Jinv} 的图谱由两部分组成，分别记为 k_{JinvT} 和 k_{JinvR}，计算结果如图 5-1 所示。

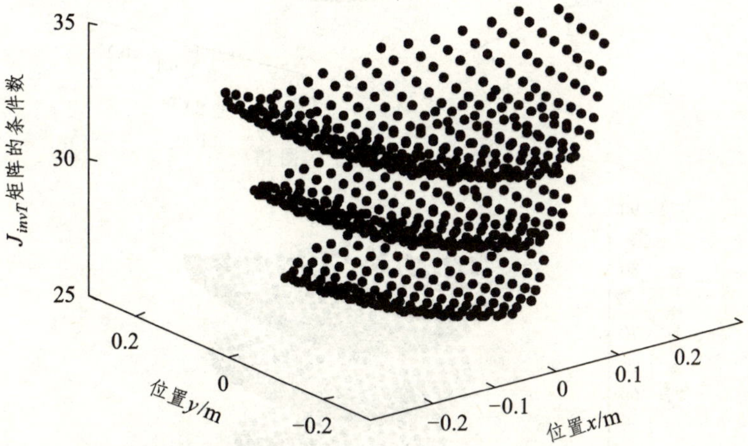

图 5-1　3T1R$_z$ 四自由度并联机构 k_{JinvT} 性能指标图谱

由于 $\boldsymbol{J}_{invR}$ 为行向量，因此 $\boldsymbol{J}_{invR}$ 的条件数 k_{JinvR} 在工作空间内任意点的值恒等于 1。$\boldsymbol{J}_{invT}$ 的条件数性能图谱 k_{JinvT} 空间分布均匀，包含三层连续的曲面，从上到下各层分别对应于 z 等于 1.2 m、1.1 m 和 1 m。k_{JinvT} 在每层形成一个连续的曲面，且每层间隔均匀，说明各点的运动性能具有良好的连续性。空间曲面为“凹”形，因此接近原点处的速度和力传递性能好于远端的速度和力传递性能。

二阶影响系数矩阵可以看成一个三维张量，为了更为细致地评定加速度性能指标，采用“分层”研究的方式说明机构输入加速度扰动对输出加速度的影响程度。根据上述分析可知，加速度性能由两部分决定，即输入扰动对 $\boldsymbol{M}_1$ 和 $\boldsymbol{M}_2$ 的影响。$\boldsymbol{M}_1$ 部分的性能指标由图 5-1 可以得到；$\boldsymbol{M}_2$ 部分的指标分析如图 5-2 所示。

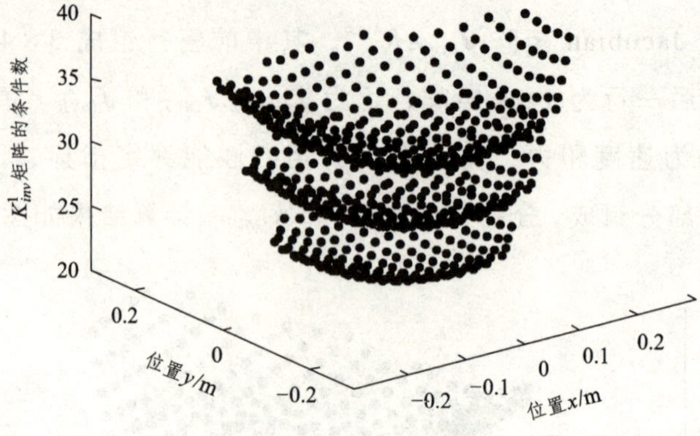

（a）k_{Kinv}^1 性能指标图谱

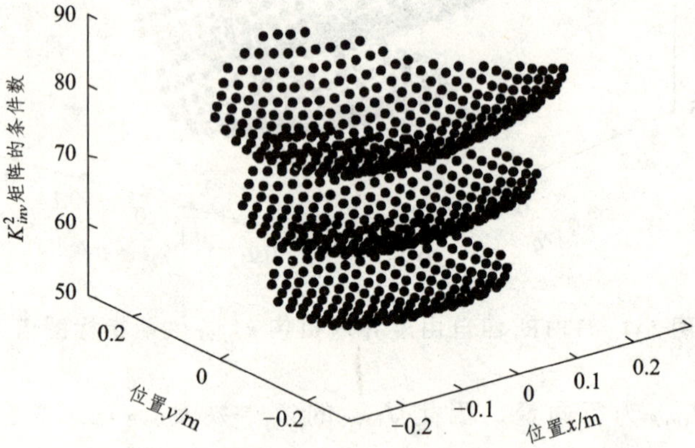

（b）k_{Kinv}^2 性能指标图谱

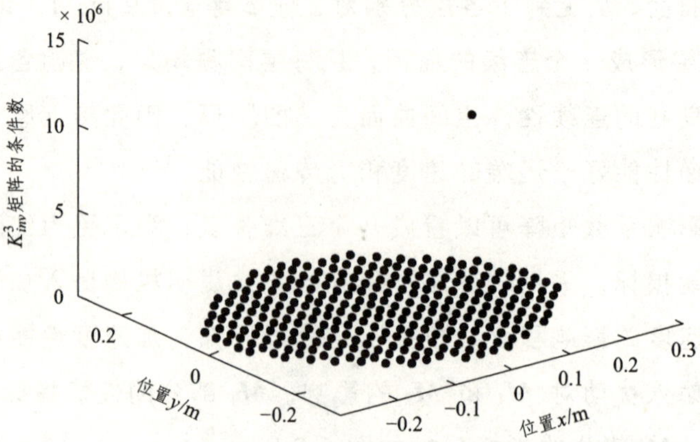

（c）k_{Kinv}^3 性能指标图谱

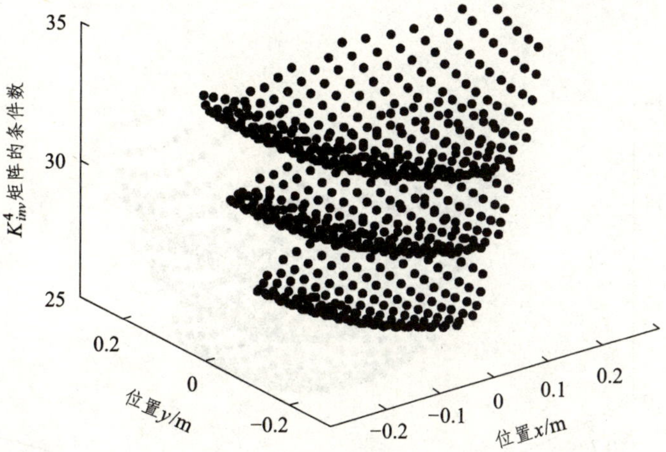

（d）k_{Kinv}^4 性能指标图谱

图 5-2　3T1R$_z$ 四自由度并联机构 k_{Kinv}^i 性能指标图谱

$k_{Kinv}^i(i=1,2,\cdots,4)$ 表示机构的支链加速度扰动对各输出变量的影响程度。$i=1$ 时，即为 Hessian 矩阵的第一层，表示支链加速度扰动对输出 $\ddot{x}$ 的影响程度；$i=2$ 时，表示支链加速度扰动对输出 $\ddot{y}$ 的影响程度；$i=3$ 时，表示支链加速度扰动对输出 $\ddot{z}$ 的影响程度；$i=4$ 时，表示支链加速度扰动对输出 $\ddot{\alpha}$ 的影响程度。k_{Kinv}^1、k_{Kinv}^2 和 k_{Kinv}^4 性能图谱为连续曲面，曲面同样为“凹”形，原点处的加速度性能好于远端加速度性能；k_{Kinv}^1 和 k_{Kinv}^4 性能图谱优于 k_{Kinv}^2。k_{Kinv}^3 的性能图谱存在跳跃，这些跳跃点称为“坏点”，即某些点的性能指标数值远大于周围其他点，但从计算结果来看，总体性能良好。

对机构惯性力的性能分析依然采用“分层”研究的方法，广义输出的惯性力性能由 $k_{Jinv+Kinv}^i$ 决定，计算结果如图 5-3 所示。

与加速度性能指标类似，$k_{Jinv+Kinv}^1$、$k_{Jinv+Kinv}^2$ 和 $k_{Jinv+Kinv}^4$ 的性能图谱为连续曲面，其中前两个曲面为“凹”形，说明原点处的加速度性能好于远端加速度性能；最后一个曲面基本为一平面，说明同一层各点运动性能相差不大。$k_{Jinv+Kinv}^3$ 的性能图谱各层无明显界限，但数值较小，没有出现跳跃点。

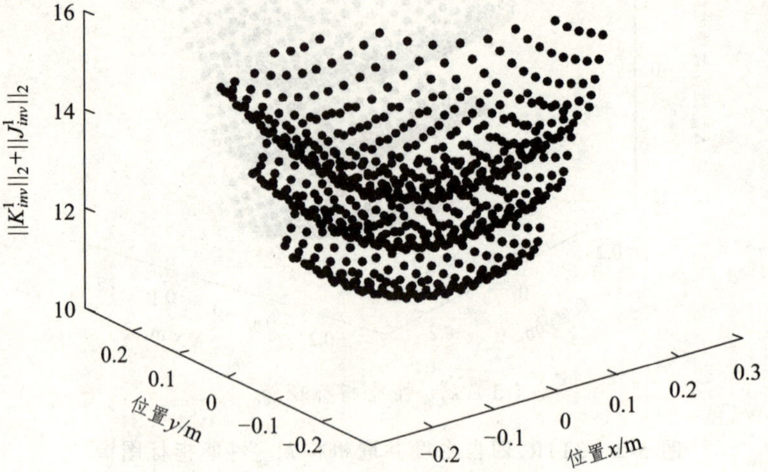

（a） $k_{Jinv+Kinv}^{1}$ 性能指标图谱

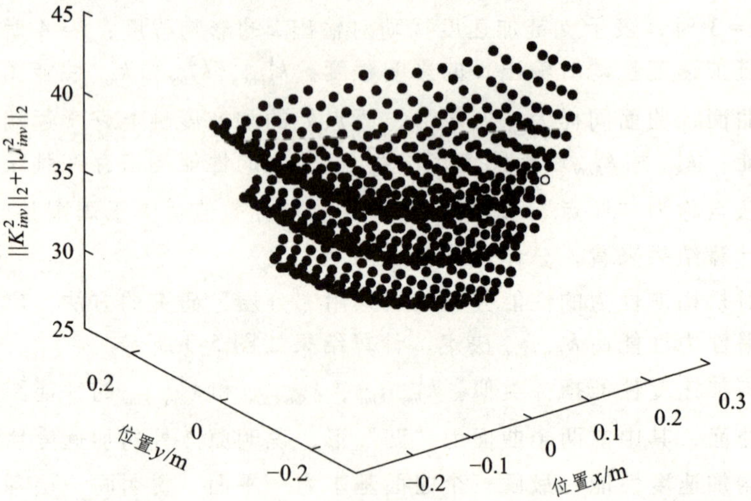

（b） $k_{Jinv+Kinv}^{2}$ 性能指标图谱

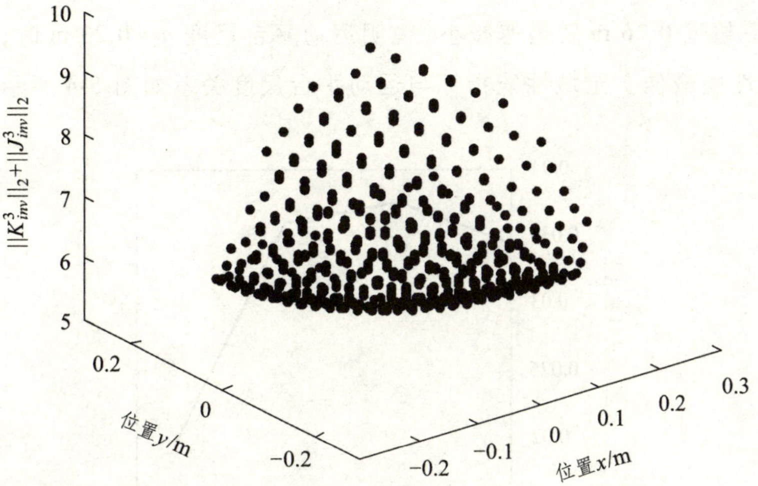

（c）$k_{Jinv+Kinv}^{3}$ 性能指标图谱

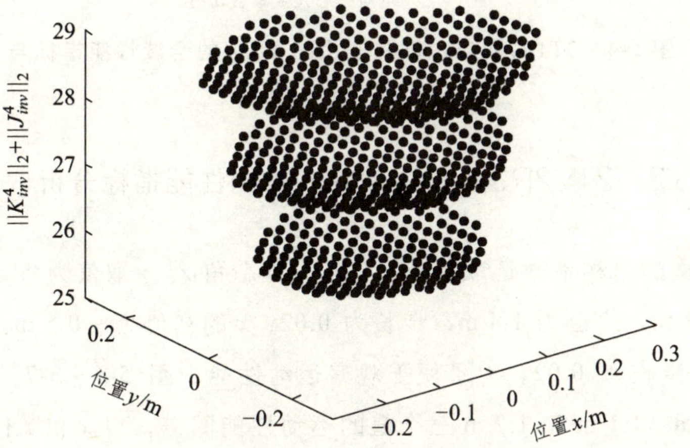

（d）$k_{Jinv+Kinv}^{4}$ 性能指标图谱

图 5-3　3T1R$_z$ 四自由度并联机构 $k_{Jinv+Kinv}^{i}$ 性能指标图谱

一阶影响系数对机构的各性能指标均有影响，根据 k_{Jinv} 全域性能可以得到更为客观的评价结果。由于 k_{Kinv}^{i} 存在跳动，本章仅采用一阶影响系数的全域性能评价机构运动性能。随着运动平台边长的增加，

k_{JinvT}全域性能指标逐渐增大，当运动平台尺度 a 超过 0.23 m 后又缓慢减小，超过 0.26 m 后迅速减小，说明运动平台尺度 $a=0.23$ m 时，k_{JinvT}全域性能最佳。全域性能指标与运动平台尺度关系如图 5-4 所示。

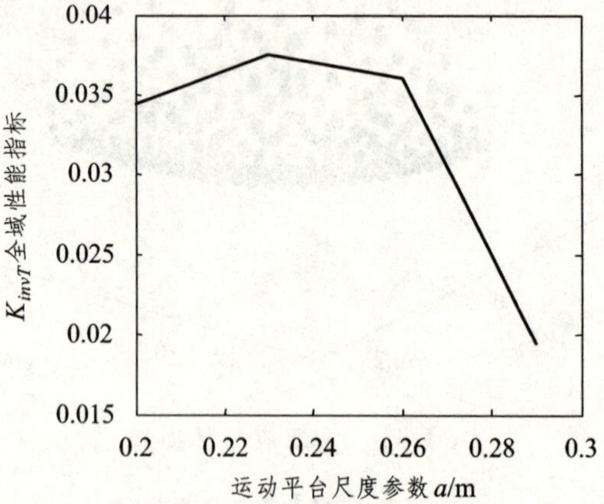

图 5-4　3T1R_z 四自由度并联机构 k_{JinvT} 的全域性能指标与运动平台尺度关系

5.5.2　2T_{xz}2R_{xz}四自由度并联机构性能指标分析

机构的结构参数选取如 5.5.1 节。姿态角α、γ取值为 5°；z 的初值为 0.8 m，终值为 1.4 m，步长为 0.02；x 的初值为 −0.5 m，终值为 0.5 m，步长为 0.02。为了便于观察运动性能，图 5-5～5-7 仅列出 z 等于 1 m、1.1 m 和 1.2 m 三个值的运动性能图谱，以 x 和 z 作为横轴和纵轴，各性能指标为竖轴。

机构的 Jacobian 矩阵 $\boldsymbol{J}_{inv}\in R^{4\times4}$，其中前两行组成 2×4 矩阵，记为 $\boldsymbol{J}_{invT}$；后两行亦为 2×4 矩阵，记为 $\boldsymbol{J}_{invR}$。$\boldsymbol{J}_{invT}$ 和 $\boldsymbol{J}_{invR}$ 具有不同的量纲，分别作为速度和力、角速度和力矩的性能评定指标，因此，k_{Jinv} 的图谱由两部分组成，分别记为 k_{JinvT} 和 k_{JinvR}，结果如图 5-5 所示。

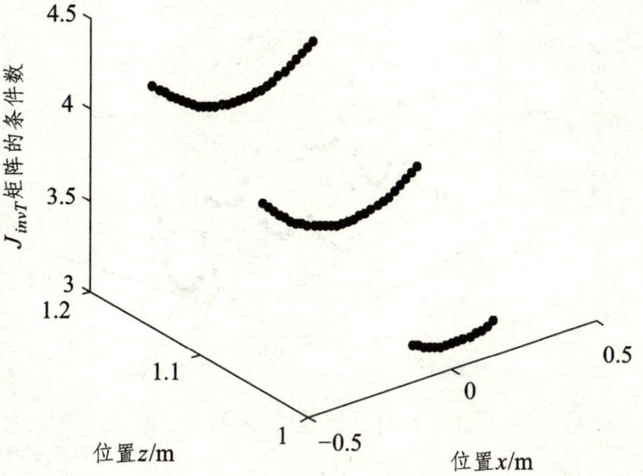

（a）k_{JinvT} 性能指标图谱

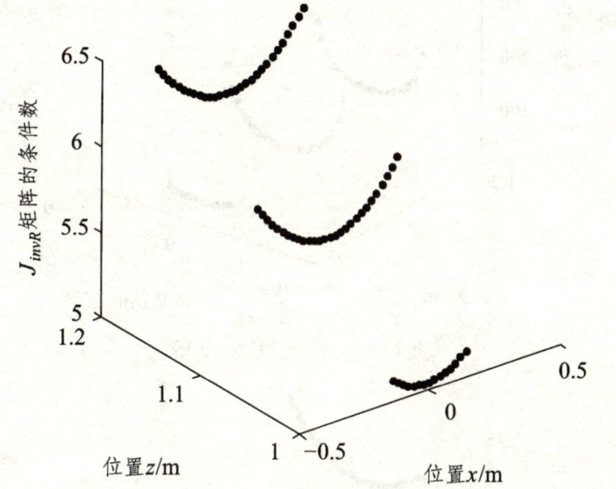

（b）k_{JinvR} 性能指标图谱

图 5-5　$2T_{xz}2R_{xz}$ 四自由度并联机构 k_{Jinv} 性能指标图谱

在 z 等于 1 m、1.1 m 和 1.2 m 处，k_{JinvT} 和 k_{JinvR} 为连续的曲线。随着 z 值的增大，k_{JinvT} 和 k_{JinvR} 的数值也增大。由于曲线为“凹”形线，故接近原点处的速度和力传递性能好于远端的速度和力传递性能。k_{Kinv}^{i} 图谱如图 5-6 所示。

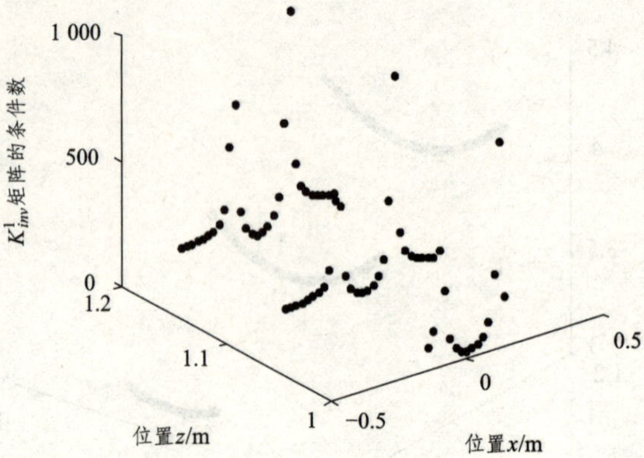

（a） k_{Kinv}^1 性能指标图谱

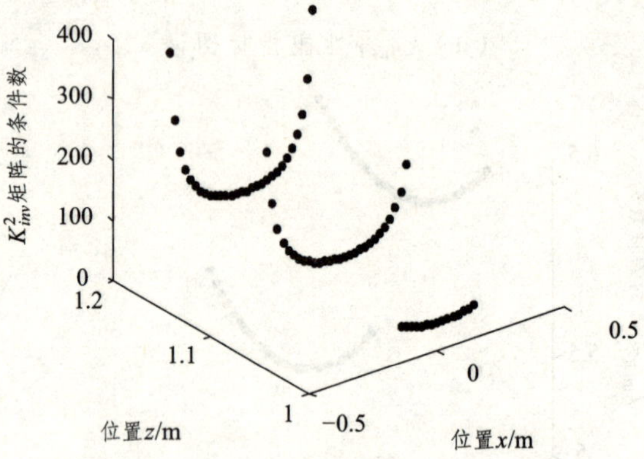

（b） k_{Kinv}^2 性能指标图谱

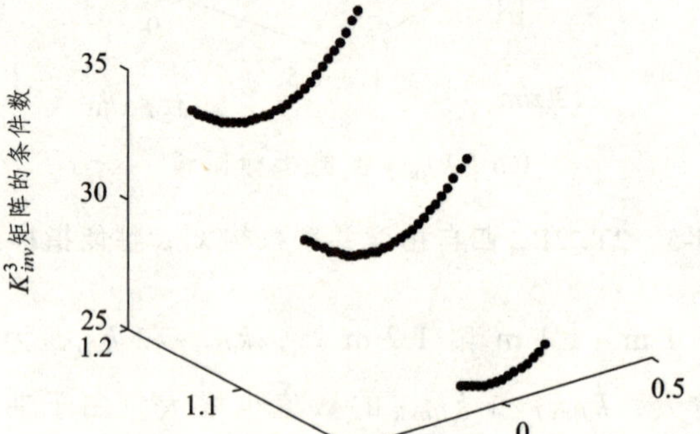

（c） k_{Kinv}^3 性能指标图谱

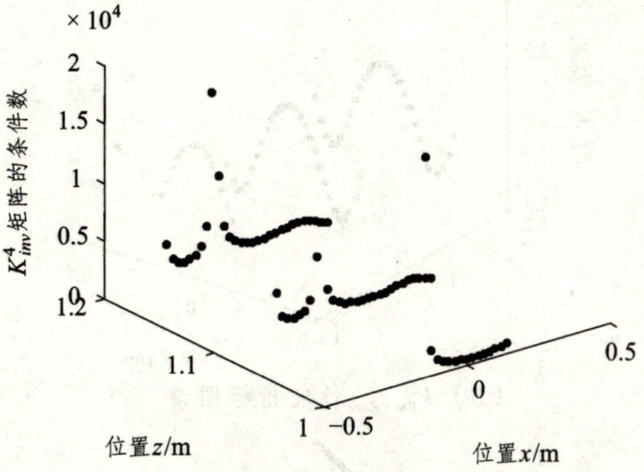

（d）k_{Kinv}^4 性能指标图谱

图 5-6　$2T_{xz}2R_{xz}$ 四自由度并联机构 k_{Kinv}^i 性能指标图谱

k_{Kinv}^1 和 k_{Kinv}^4 性能图谱各层为不连续曲线，且存在跳动，曲线外形基本呈马鞍形。当 $z=1.1$ m 和 1.2 m 时，k_{Kinv}^2 性能指标图谱为 U 形；当 $z=1$ m 时，性能图谱为一条连续的“凹”形曲线。k_{Kinv}^3 的性能图谱在各层为一条连续“凹”形曲线，其原点附近的二阶影响系数性能指标好于远端二阶影响系数性能指标。综合来看，k_{Kinv}^3 的性能图谱较好，k_{Kinv}^4 的跳动最为明显。惯性力性能图谱如图 5-7 所示。

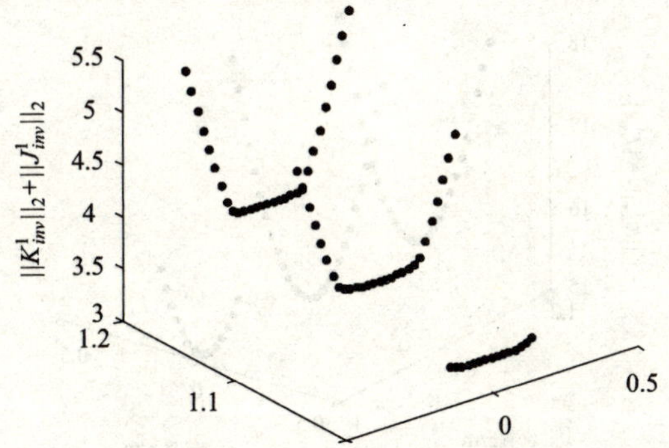

（a）$k_{Jinv+Kinv}^1$ 性能指标图谱

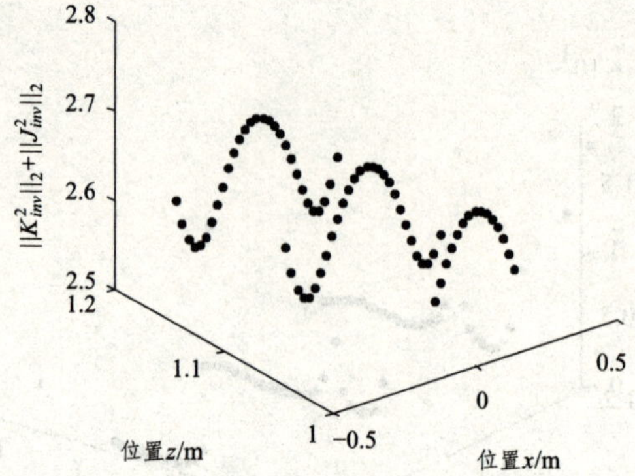

（b）$k_{Jinv+Kinv}^2$ 性能指标图谱

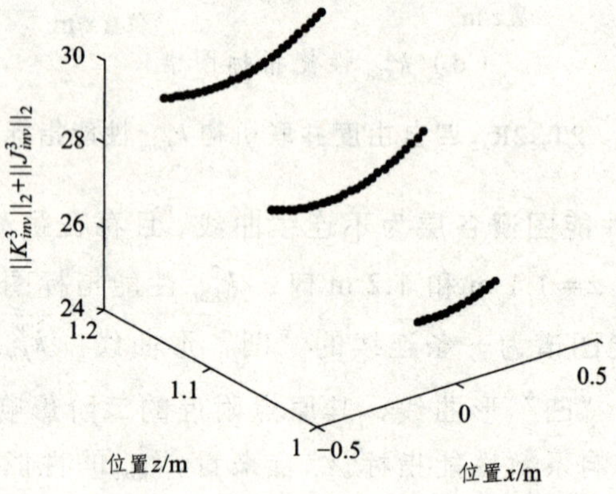

（c）$k_{Jinv+Kinv}^3$ 性能指标图谱

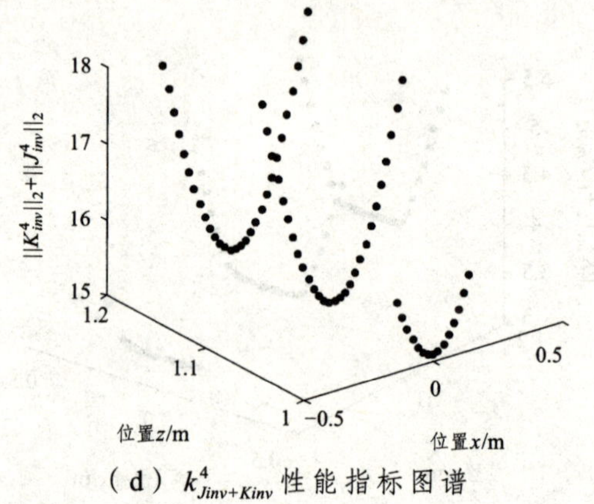

（d）$k_{Jinv+Kinv}^4$ 性能指标图谱

图 5-7　$2T_{xz}2R_{xz}$ 四自由度并联机构 $k_{Jinv+Kinv}^i$ 性能指标图谱

与加速度性能指标相比，惯性力性能指标相对较好，每个图谱的性能曲线连续。$k_{Jinv+Kinv}^{1}$ 和 $k_{Jinv+Kinv}^{4}$ 性能图谱为连续的 U 形曲线，$k_{Jinv+Kinv}^{4}$ 性能图谱曲线更为光滑；$k_{Jinv+Kinv}^{3}$ 性能图谱为较平缓的连续曲线。这三条曲线均为“凹”形，说明原点附近的惯性力性能好于远端惯性力性能；$k_{Jinv+Kinv}^{2}$ 的性能图谱类似于正/余弦曲线，在工作空间内呈“凸”形，说明远端的惯性力性能优于原点附近的惯性力性能。一阶影响系数全域性能指标与运动平台尺度关系如图 5-8 所示。

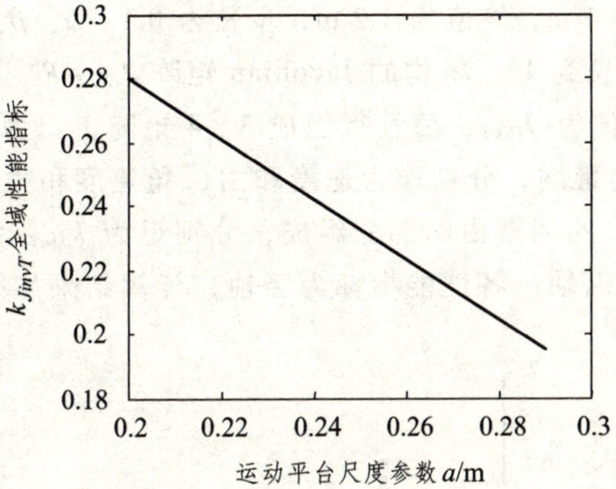

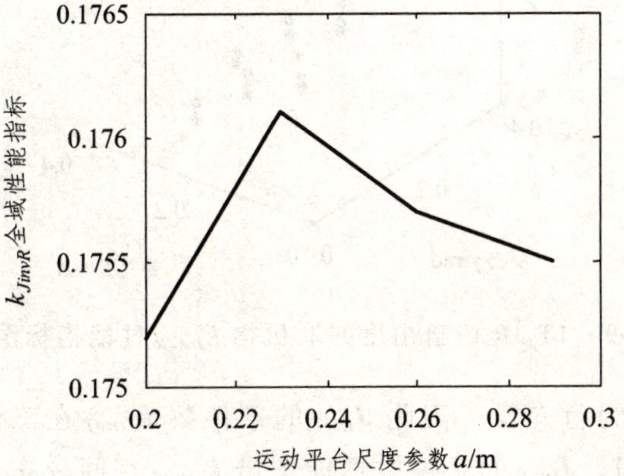

图 5-8　$2T_{xz}2R_{xz}$ 四自由度并联机构 k_{Jinv} 全域性能指标与运动平台尺度关系

随着运动平台边长的增加，k_{JinvT} 全域性能指标基本呈线性递减，

而 k_{JinvR} 全域性能指标先增大后减小，当运动平台尺度参数 $a=0.23$ m 时达到最大值。说明运动平台尺度 $a=0.23$ m 时，k_{JinvR} 全域性能最佳。

5.5.3 $1T_z3R$ 四自由度并联机构性能指标分析

机构的结构参数选取如 5.5.1 节。此构型下，Jacobian 矩阵和 Hessian 矩阵各元素代数式冗长，如果循环计算步长较小，则难以计算，因此在尽量保证结果客观性的条件下，需适当增大计算步长。广义输出参数 z 初值为 1 m，终值为 1.2 m，步长为 0.1；α、β、γ 初值为 5°，终值为 15°，步长为 1°。机构的 Jacobian 矩阵 $\boldsymbol{J}_{inv}\in R^{4\times 4}$，其中第一行为 1×4 矩阵，记为 $\boldsymbol{J}_{invT}$；后三行组成 3×4 矩阵，记为 $\boldsymbol{J}_{invR}$。$\boldsymbol{J}_{invT}$ 和 $\boldsymbol{J}_{invR}$ 具有不同的量纲，分别作为速度和力、角速度和力矩的性能评定指标，因此 k_{Jinv} 的图谱由两部分组成，分别记为 k_{JinvT} 和 k_{JinvR}。以 β 和 γ 作为横轴和纵轴，各性能指标为竖轴，计算结果如图 5-9 所示。

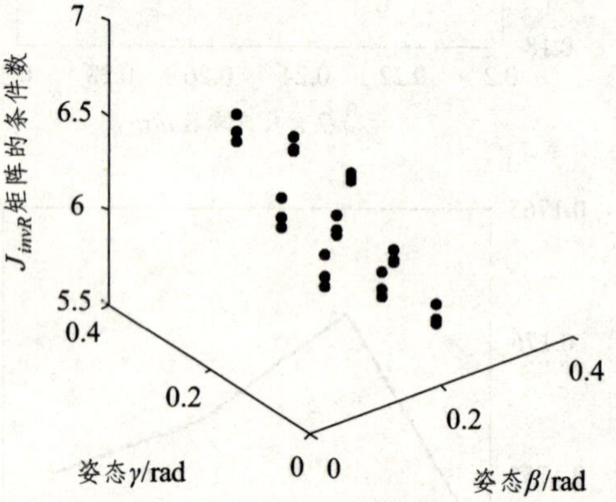

图 5-9　$1T_z3R$ 四自由度并联机构 k_{JinvR} 性能指标图谱

由于 $\boldsymbol{J}_{invT}$ 为行向量，因此 $\boldsymbol{J}_{invT}$ 的条件数 k_{JinvT} 在工作空间内任意点的值恒等于 1。$\boldsymbol{J}_{invR}$ 的条件数性能图谱 k_{JinvR} 空间分布均匀，没有出现跳动。受计算时间的限制，步长较大，计算点较少，但性能图谱还是有规律地分布于三层，机构的速度和力传递性能良好。k_{Kinv}^{i} 图谱如图 5-10 所示。

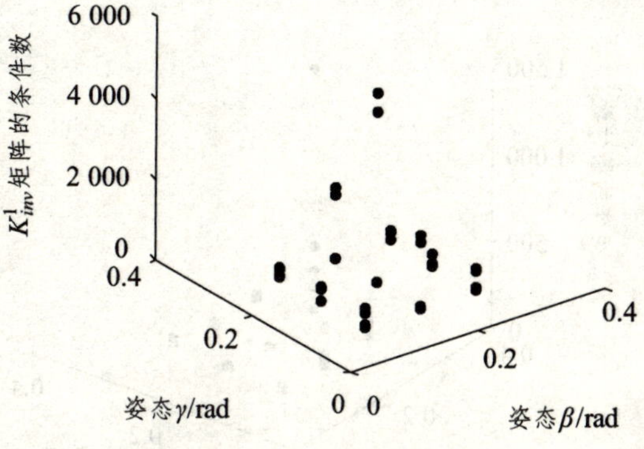

（a） k^1_{Kinv} 性能指标图谱

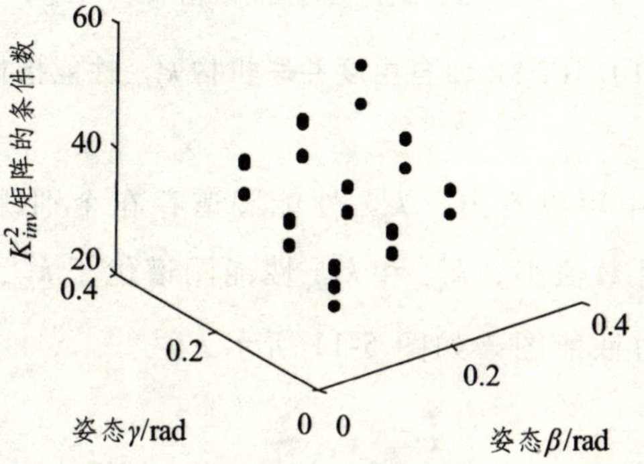

（b） k^2_{Kinv} 性能指标图谱

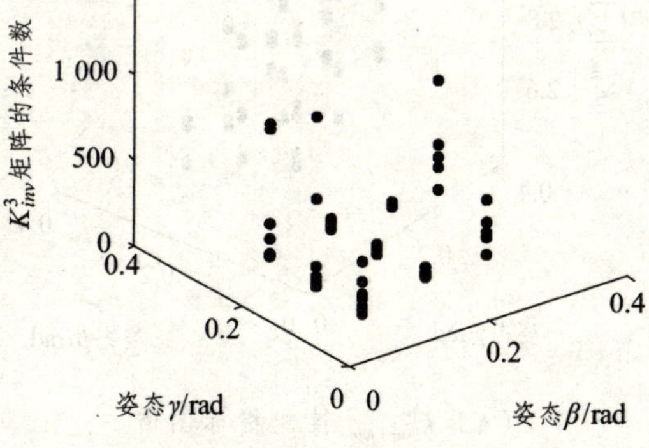

（c） k^3_{Kinv} 性能指标图谱

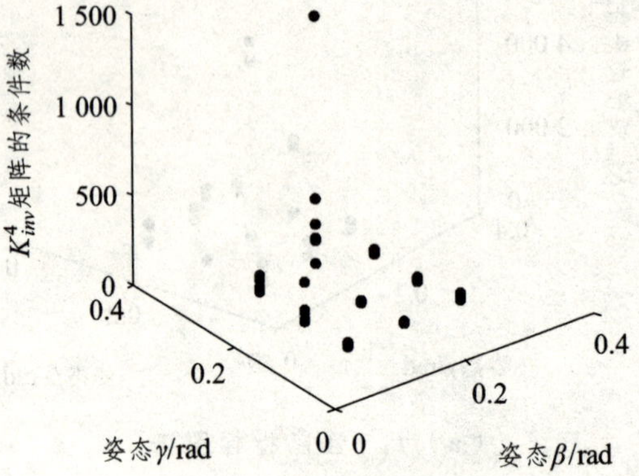

（d）k^4_{Kinv} 性能指标图谱

图 5-10　1T$_z$3R 四自由度并联机构 k^i_{Kinv} 性能指标图谱

从图 5-10 中可以看出，k^1_{Kinv} 性能图谱存在个别跳动点，k^2_{Kinv} 性能图谱分布均匀且数值小，k^3_{Kinv} 和 k^4_{Kinv} 性能图谱优于 k^1_{Kinv}，但也存在个别跳跃点。惯性力性能图谱如图 5-11 所示。

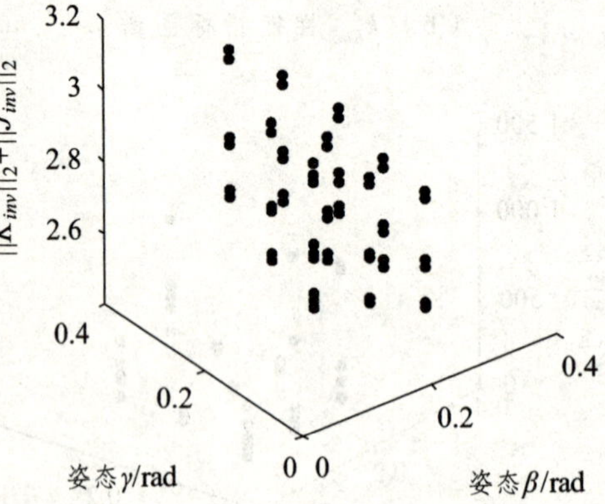

（a）$k^1_{Jinv+Kinv}$ 性能指标图谱

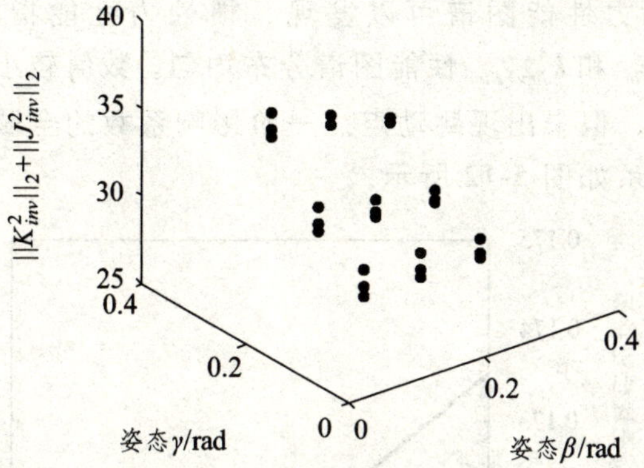

（b） $k_{Jinv+Kinv}^2$ 性能指标图谱

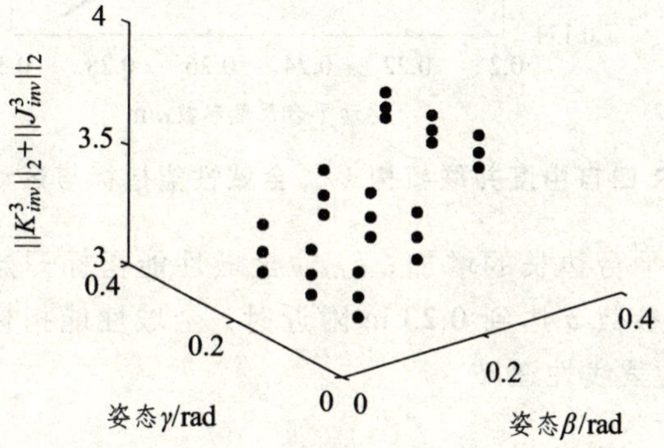

（c） $k_{Jinv+Kinv}^3$ 性能指标图谱

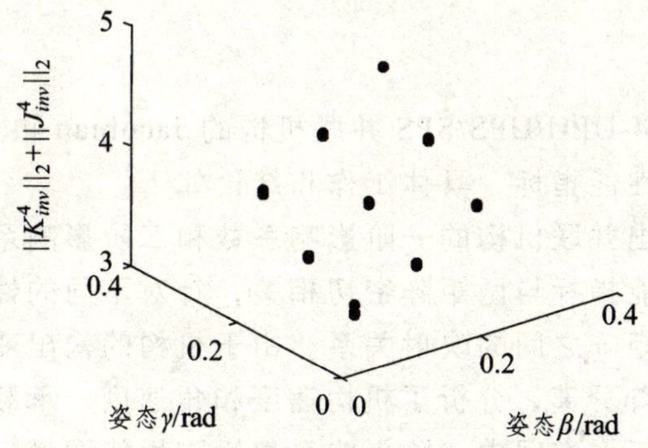

（d） $k_{Jinv+Kinv}^4$ 性能指标图谱

图 5-11　$1T_z3R$ 四自由度并联机构 $k_{Jinv+Kinv}^i$ 性能指标图谱

根据惯性力性能图谱可以发现，惯性力性能指标相对较好。$k_{Jinv+Kinv}^{1}$、$k_{Jinv+Kinv}^{3}$和$k_{Jinv+Kinv}^{4}$性能图谱分布均匀，数值较小；$k_{Jinv+Kinv}^{2}$性能图谱数值略大，但未出现跳动点。一阶影响系数的全域性能指标与运动平台尺度关系如图 5-12 所示。

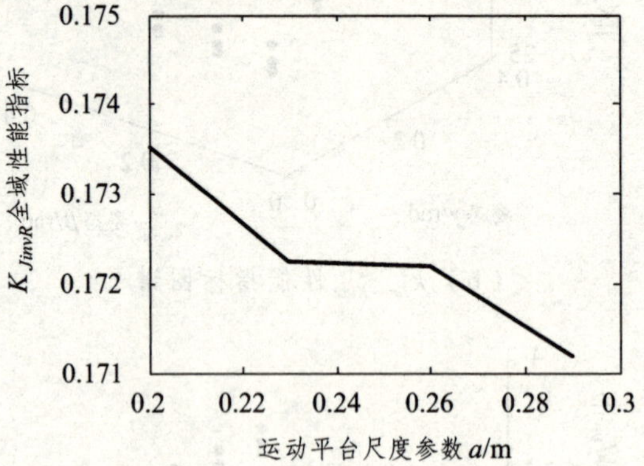

图 5-12　$1T_z3R$ 四自由度并联机构 k_{Jinv} 全域性能指标与运动平台尺度关系

随着运动平台边长的增加，k_{JinvR} 全域性能指标开始线性递减，当运动平台尺度参数 a 达到 0.23 m 附近时，全域性能指标不再变化，超过 0.27 m 后又呈线性递减。

5.6　结　论

本章根据 4-UPU/UPS/SPS 并联机构的 Jacobian 和 Hessian 矩阵，研究了机构的性能指标，具体工作和结论如下：

(1) 推导出并联机构的一阶影响系数和二阶影响系数矩阵。由于机构的运动性能指标与两矩阵密切相关，针对不同的性能指标，得到了各指标与两矩阵之间的映射关系。由于机构的输出变量量纲不同，将 Jacobian 矩阵分离，分析了机构速度和角速度、承载力和驱动力等性能，得到了工作空间内一阶影响系数矩阵性能图谱；提出采用“分层”分析的方法研究与二阶影响系数有关的性能指标，得到了机构支链与运动平台输出之间的加速度性能和惯性力性能图谱。

(2) 并联机构的某些性能指标图谱存在跳动点，尽管这些点不是奇异点，但运动性能较差，易出现输入和输出关系失真，说明机构性能指标评价的必要性。

(3) 分析结果表明，不同的运动特征的机构大部分性能指标在工作空间内变化连续，具有良好的对称性，机构运动性能指标对机构尺度参数敏感。不同运动特征的机构，运动平台的尺度参数的变化与运动性能的变化均不同，同时还要考虑运动平台尺寸与跳动点数量的关系，运动平台尺度优化复杂。

6 少自由度并联机器人机构运动学分析

6.1 概 述

机构运动学分析主要包含位置分析、速度分析和加速度分析三方面内容，是动力学建模和计算的基础。与串联机构相比，并联机构的逆运动学分析简单，正运动学分析往往非常复杂。与六自由度 Stewart 平台相比，4-UPU/UPS/SPS 并联机构的输入输出耦合较弱，但依然很难得到位置正解的解析表达式，同时机构运动特征多样，运动学方程求解难度也不尽相同。从研究现状来看，并联机构的运动学问题更为基础，相关研究也更多，其中位置正解是运动学分析的基础，也是难点。在运动标定、输出误差分析和轨迹控制等方面，都需要获得机构的位置正解，大多数并联机构位置正解要求解一组强耦合的非线性方程组，国内外学者采用过很多方法对这个问题进行研究，但求解速度快且计算精度高的方法仍是关注的焦点。

本章对 4-UPU/UPS/SPS 并联机构进行运动学分析，建立了机构运动学方程，得到位置、速度和加速度正、逆解表达式。利用改进的 PSO 算法求解并联机构的位置正解，精度略低的正解再采用迭代法计算，以提高求解精度。给定相同的输入，得到机构运动平台中心点的位置、速度、加速度变化规律。

6.2 建立 4-UPU/UPS/SPS 并联机构的运动学关系方程

6.2.1 3T1R$_z$四自由度并联机构运动学分析

根据式（3-3）可得，各支链矢量与输出的显式表达为

$$\boldsymbol{l}_1=\begin{pmatrix}-ac_\alpha+ds_\alpha+x+b\\-as_\alpha-dc_\alpha+y+c\\z\end{pmatrix}\qquad \boldsymbol{l}_2=\begin{pmatrix}ac_\alpha+ds_\alpha+x-b\\as_\alpha-dc_\alpha+y+c\\z\end{pmatrix}$$

$$\boldsymbol{l}_3=\begin{pmatrix}ac_\alpha-ds_\alpha+x-b\\as_\alpha+dc_\alpha+y-c\\z\end{pmatrix}\qquad \boldsymbol{l}_4=\begin{pmatrix}-ac_\alpha-ds_\alpha+x+b\\-as_\alpha+dc_\alpha+y-c\\z\end{pmatrix}$$

支链长度满足

$$\begin{cases}l_1^2=(-ac_\alpha+ds_\alpha+x+b)^2+(-as_\alpha-dc_\alpha+y+c)^2+z^2\\l_2^2=(ac_\alpha+ds_\alpha+x-b)^2+(as_\alpha-dc_\alpha+y+c)^2+z^2\\l_3^2=(ac_\alpha-ds_\alpha+x-b)^2+(as_\alpha+dc_\alpha+y-c)^2+z^2\\l_4^2=(-ac_\alpha-ds_\alpha+x+b)^2+(-as_\alpha+dc_\alpha+y-c)^2+z^2\end{cases}\tag{6-1}$$

式（6-1）两边对时间求导，得

$$\boldsymbol{J}^X\dot{\boldsymbol{X}}=\boldsymbol{J}^l\dot{\boldsymbol{l}}\tag{6-2}$$

式中 $\boldsymbol{J}^X$——正 Jacobian 矩阵；

$\boldsymbol{J}^l$——逆 Jacobian 矩阵。

机构支链的四个移动副作为广义输入，记为 $\boldsymbol{l}=(l_1\quad l_2\quad l_3\quad l_4)^{\mathrm{T}}$；运动平台的广义输出记为 $\boldsymbol{X}=(x\quad y\quad z\quad \alpha)^{\mathrm{T}}$。移动副的输入速度表示为 $\dot{\boldsymbol{l}}=(\dot{l}_1\quad \dot{l}_2\quad \dot{l}_3\quad \dot{l}_4)^{\mathrm{T}}$；运动平台广义输出速度表示为 $\dot{\boldsymbol{X}}=(\dot{x}\quad \dot{y}\quad \dot{z}\quad \dot{\alpha})^{\mathrm{T}}$。

若 $\boldsymbol{J}^X$ 非奇异，则满足

$$\dot{\boldsymbol{X}} = \boldsymbol{J}\dot{\boldsymbol{l}} \tag{6-3}$$

若 $\boldsymbol{J}^l$ 非奇异，则满足

$$\dot{\boldsymbol{l}} = \boldsymbol{J}^{-1}\dot{\boldsymbol{X}} \tag{6-4}$$

式中，$\boldsymbol{J} = (\boldsymbol{J}^X)^{-1}\boldsymbol{J}^l$ 为机构运动 Jacobian 矩阵。$\boldsymbol{J}^{-1} = (\boldsymbol{J}^l)^{-1}\boldsymbol{J}^X$ 为机构运动 Jacobian 矩阵的逆矩阵。

通过式（6-3）、(6-4) 得到机构速度的正解和逆解。

机构四条支链的移动副输入加速度记为 $\ddot{\boldsymbol{l}} = (\ddot{l}_1 \quad \ddot{l}_2 \quad \ddot{l}_3 \quad \ddot{l}_4)^{\mathrm{T}}$；运动平台广义输出加速度表示为 $\ddot{\boldsymbol{X}} = (\ddot{x} \quad \ddot{y} \quad \ddot{z} \quad \ddot{\alpha})^{\mathrm{T}}$。式（6-2）两边对时间求导，可以表示为

$$\boldsymbol{J}^X\ddot{\boldsymbol{X}} = \boldsymbol{J}^l\ddot{\boldsymbol{l}} + \boldsymbol{\lambda} \tag{6-5}$$

其中
$$\boldsymbol{\lambda} = \dot{\boldsymbol{J}}^l\dot{\boldsymbol{l}} - \dot{\boldsymbol{J}}^X\dot{\boldsymbol{X}}$$

若 $\boldsymbol{J}^X$ 非奇异，则存在

$$\ddot{\boldsymbol{X}} = \boldsymbol{J}\ddot{\boldsymbol{l}} + (\boldsymbol{J}^X)^{-1}\boldsymbol{\lambda} \tag{6-6}$$

若 $\boldsymbol{J}^l$ 非奇异，则存在

$$\ddot{\boldsymbol{l}} = \boldsymbol{J}^{-1}\ddot{\boldsymbol{X}} - (\boldsymbol{J}^l)^{-1}\boldsymbol{\lambda} \tag{6-7}$$

通过式（6-6）、(6-7) 可以求得机构加速度的正解和逆解。运动平台姿态角与角速度的关系满足

$$\begin{pmatrix} \omega_x \\ \omega_y \\ \omega_z \end{pmatrix} = \begin{pmatrix} c_\alpha & 0 & 0 \\ s_\alpha & c_\alpha & 0 \\ 0 & 0 & 1 \end{pmatrix} \begin{pmatrix} 0 \\ 0 \\ \dot{\alpha} \end{pmatrix} \tag{6-8}$$

6.2.2 $2\mathrm{T}_{xz}2\mathrm{R}_{xz}$ 四自由度并联机构运动学分析

根据式（3-12）可得，各支链矢量与输出的显式表达为

$$\boldsymbol{l}_1 = \begin{pmatrix} -ac_\alpha + ds_\alpha c_\gamma + x + b \\ -as_\alpha - dc_\alpha c_\gamma + c \\ -ds_\gamma + z \end{pmatrix} \qquad \boldsymbol{l}_2 = \begin{pmatrix} ac_\alpha + ds_\alpha c_\gamma + x - b \\ as_\alpha - dc_\alpha c_\gamma + c \\ -ds_\gamma + z \end{pmatrix}$$

$$\boldsymbol{l}_3=\begin{pmatrix} ac_\alpha - ds_\alpha c_\gamma + x - b \\ as_\alpha + dc_\alpha c_\gamma - c \\ ds_\gamma + z \end{pmatrix} \qquad \boldsymbol{l}_4=\begin{pmatrix} -ac_\alpha - ds_\alpha c_\gamma + x + b \\ -as_\alpha + dc_\alpha c_\gamma - c \\ ds_\gamma + z \end{pmatrix}$$

支链长度满足

$$\begin{cases} l_1^2=(-ac_\alpha+ds_\alpha c_\gamma+x+b)^2+(-as_\alpha-dc_\alpha c_\gamma+c)^2+(-ds_\gamma+z)^2 \\ l_2^2=(ac_\alpha+ds_\alpha c_\gamma+x-b)^2+(as_\alpha-dc_\alpha c_\gamma+c)^2+(-ds_\gamma+z)^2 \\ l_3^2=(ac_\alpha-ds_\alpha c_\gamma+x-b)^2+(as_\alpha+dc_\alpha c_\gamma-c)^2+(ds_\gamma+z)^2 \\ l_4^2=(-ac_\alpha-ds_\alpha c_\gamma+x+b)^2+(-as_\alpha+dc_\alpha c_\gamma-c)^2+(ds_\gamma+z)^2 \end{cases} \tag{6-9}$$

式（6-9）两边对时间求导，得

$$\boldsymbol{J}^X\dot{\boldsymbol{X}}=\boldsymbol{J}^l\dot{\boldsymbol{l}} \tag{6-10}$$

运动平台的广义输出记为 $\boldsymbol{X}=(x \quad z \quad \alpha \quad \gamma)^{\mathrm{T}}$；运动平台广义输出速度表示为 $\dot{\boldsymbol{X}}=(\dot{x} \quad \dot{z} \quad \dot{\alpha} \quad \dot{\gamma})^{\mathrm{T}}$。机构速度的正解和逆解推导过程与 6.2.1 节类似。

运动平台广义输出加速度表示为 $\ddot{\boldsymbol{X}}=(\ddot{x} \quad \ddot{z} \quad \ddot{\alpha} \quad \ddot{\gamma})^{\mathrm{T}}$。机构加速度的正解和逆解与 6.2.1 节也类似，式（6-10）两边对时间求导，可以得到

$$\ddot{\boldsymbol{X}}=\boldsymbol{J}\ddot{\boldsymbol{l}}+(\boldsymbol{J}^X)^{-1}\boldsymbol{\lambda} \tag{6-11}$$

运动平台姿态角与角速度的关系满足

$$\begin{pmatrix} \omega_x \\ \omega_y \\ \omega_z \end{pmatrix}=\begin{pmatrix} c_\alpha & -s_\alpha & 0 \\ s_\alpha & c_\alpha & 0 \\ 0 & 0 & 1 \end{pmatrix}\begin{pmatrix} \dot{\gamma} \\ 0 \\ \dot{\alpha} \end{pmatrix} \tag{6-12}$$

6.2.3 1T$_z$3R 四自由度并联机构运动学分析

根据式（3-28）可得，各支链矢量与输出的显式表达为

$$\boldsymbol{l}_1=\begin{pmatrix} -ac_\alpha c_\beta - d(-s_\alpha c_\gamma + c_\alpha s_\beta s_\gamma) + b \\ -as_\alpha c_\beta - d(c_\alpha c_\gamma + s_\alpha s_\beta s_\gamma) + c \\ as_\beta - dc_\beta s_\gamma + z \end{pmatrix} \quad \boldsymbol{l}_2=\begin{pmatrix} ac_\alpha c_\beta - d(-s_\alpha c_\gamma + c_\alpha s_\beta s_\gamma) - b \\ as_\alpha c_\beta - d(c_\alpha c_\gamma + s_\alpha s_\beta s_\gamma) + c \\ -as_\beta - dc_\beta s_\gamma + z \end{pmatrix}$$

$$\boldsymbol{l}_3=\begin{pmatrix} ac_\alpha c_\beta+d(-s_\alpha c_\gamma+c_\alpha s_\beta s_\gamma)-b \\ as_\alpha c_\beta+d(c_\alpha c_\gamma+s_\alpha s_\beta s_\gamma)-c \\ -as_\beta+dc_\beta s_\gamma+z \end{pmatrix} \quad \boldsymbol{l}_4=\begin{pmatrix} -ac_\alpha c_\beta+d(-s_\alpha c_\gamma+c_\alpha s_\beta s_\gamma)+b \\ -as_\alpha c_\beta+d(c_\alpha c_\gamma+s_\alpha s_\beta s_\gamma)-c \\ as_\beta+dc_\beta s_\gamma+z \end{pmatrix}$$

支链长度满足

$$\begin{cases} l_1^2=(-ac_\alpha c_\beta-d(-s_\alpha c_\gamma+c_\alpha s_\beta s_\gamma)+b)^2+(-as_\alpha c_\beta-d(c_\alpha c_\gamma+s_\alpha s_\beta s_\gamma)+c)^2+ \\ \quad (as_\beta-dc_\beta s_\gamma+z)^2 \\ l_2^2=(ac_\alpha c_\beta-d(-s_\alpha c_\gamma+c_\alpha s_\beta s_\gamma)-b)^2+(as_\alpha c_\beta-d(c_\alpha c_\gamma+s_\alpha s_\beta s_\gamma)+c)^2+ \\ \quad (-as_\beta-dc_\beta s_\gamma+z)^2 \\ l_3^2=(ac_\alpha c_\beta+d(-s_\alpha c_\gamma+c_\alpha s_\beta s_\gamma)-b)^2+(as_\alpha c_\beta+d(c_\alpha c_\gamma+s_\alpha s_\beta s_\gamma)-c)^2+ \\ \quad (-as_\beta+dc_\beta s_\gamma+z)^2 \\ l_4^2=(-ac_\alpha c_\beta+d(-s_\alpha c_\gamma+c_\alpha s_\beta s_\gamma)+b)^2+(-as_\alpha c_\beta+d(c_\alpha c_\gamma+s_\alpha s_\beta s_\gamma)-c)^2+ \\ \quad (as_\beta+dc_\beta s_\gamma+z)^2 \end{cases} \tag{6-13}$$

式（6-13）两边对时间求导，得

$$\boldsymbol{J}^X\dot{\boldsymbol{X}}=\boldsymbol{J}^l\dot{\boldsymbol{l}} \tag{6-14}$$

机构支链的四个移动副为广义输入，记为 $\boldsymbol{l}=(l_1 \quad l_2 \quad l_3 \quad l_4)^{\mathrm{T}}$；运动平台的广义输出记为 $\boldsymbol{X}=(z \quad \alpha \quad \beta \quad \gamma)^{\mathrm{T}}$。移动副的输入速度表示为 $\dot{\boldsymbol{l}}=(\dot{l}_1 \quad \dot{l}_2 \quad \dot{l}_3 \quad \dot{l}_4)^{\mathrm{T}}$；运动平台广义输出速度表示为 $\dot{\boldsymbol{X}}=(\dot{z} \quad \dot{\alpha} \quad \dot{\beta} \quad \dot{\gamma})^{\mathrm{T}}$。机构速度的正解和逆解推导过程与 6.2.1 节类似。

机构四条支链的移动副输入加速度记为 $\ddot{\boldsymbol{l}}=(\ddot{l}_1 \quad \ddot{l}_2 \quad \ddot{l}_3 \quad \ddot{l}_4)^{\mathrm{T}}$；运动平台广义输出加速度表示为 $\ddot{\boldsymbol{X}}=(\ddot{z} \quad \ddot{\alpha} \quad \ddot{\beta} \quad \ddot{\gamma})^{\mathrm{T}}$。与 6.2.2 节类似，式（6-12）两边对时间求导，可以表示为

$$\ddot{\boldsymbol{X}}=\boldsymbol{J}\ddot{\boldsymbol{l}}+(\boldsymbol{J}^X)^{-1}\boldsymbol{\lambda} \tag{6-15}$$

运动平台姿态角与角速度的关系满足

$$\begin{pmatrix}\omega_x \\ \omega_y \\ \omega_z\end{pmatrix}=\begin{pmatrix} c_\alpha c_\beta & -s_\alpha & 0 \\ s_\alpha c_\beta & c_\alpha & 0 \\ -s_\beta & 0 & 1 \end{pmatrix}\begin{pmatrix}\dot{\gamma} \\ \dot{\beta} \\ \dot{\alpha}\end{pmatrix} \tag{6-16}$$

6.3 4-UPU/UPS/SPS 并联机构位置正解方法分析

对于不同运动特征的并联机构，根据式（6-1）、（6-9）、（6-13）可以发现，机构输入输出关系复杂程度不同。机构具有 3T1R 四自由度时，正 Jacobian 矩阵相对简单，此类机构也是最有可能得到解析解的，但尝试求其解析解依然是非常困难的。2T2R 四自由度并联机构的 Jacobian 矩阵更为复杂，解耦难度很大。1T3R 四自由度并联机构的 Jacobian 矩阵冗长，一般来说，难以实现解耦。

针对并联机构位置正解复杂的问题，本章采用传统迭代算法与智能算法相结合的方法，根据不同运动特征机构的位置关系方程建立了非线性优化函数，采用一种变权重的 PSO 算法搜索多元强非线性方程的全局极小点，得到该机构位置正解初值。如果该值不能满足精度要求，再以该值为初值，采用传统迭代算法求得机构高精度位置正解。

6.3.1 改进 PSO 算法分析

PSO 算法需要调整的参数少，对处理高维问题具有优势，本章提出一种改进的 PSO 算法用于并联机构位置正解。

首先，初始化一群随机粒子，其中每个粒子表示优化问题的一个候选解，群体中的每个粒子可以用其当前速度和位置、个体最优位置以及邻域最优位置来描述，将粒子位置坐标对应的目标函数作为该粒子的适应度。PSO 算法中，粒子 i 在 t 时刻的状态属性设置如下：

位置矢量：

$$\boldsymbol{x}_i^t=(x_{i1}^t\ \ x_{i2}^t\ \ \cdots\ \ x_{id}^t)^{\mathrm{T}}\ ,\quad x_{id}^t\in[L_d,U_d]$$

式中 L_d——搜索空间的下限；

U_d——搜索空间的上限。

速度矢量：

$$\boldsymbol{v}_i^t=(v_{i1}\ \ v_{i2}\ \ \cdots\ \ v_{id})^{\mathrm{T}}\ ,\quad v_{id}^t\in[v_{\min,d},v_{\max,d}]$$

式中 $v_{\min}$——最小速度；

$v_{\max}$——最大速度。

个体最优位置：

$$\boldsymbol{p}_i^t=[p_{i1}^t\ \ p_{i2}^t\ \ \cdots\ \ p_{id}^t]^{\mathrm{T}}$$

全局最优位置：

$$\boldsymbol{p}_g^t=[p_{g1}^t\ \ p_{g2}^t\ \ \cdots\ \ p_{gd}^t]^{\mathrm{T}}$$

则每个粒子在 $t+1$ 时刻的速度和位置根据下式进行更新：

$$v_{id}^{t+1}=wv_{id}^t+c_1r_1(p_{id}^t-x_{id}^t)+c_2r_2(p_{gd}^t-x_{id}^t) \tag{6-17}$$

$$x_{id}^{t+1}=x_{id}^t+v_{id}^{t+1} \tag{6-18}$$

式中 r_1、r_2——均匀分布在[0, 1]区间的随机数；

c_1、c_2——自身认知因子和社会认知因子；

w——惯性权重。

其次，为了提高计算效率和防止结果陷入局部最优，对标准 PSO 算法进行改进。Shi 和 Eberhart 研究发现[159]，前期较大的 w 有利于提高算法的探索能力以得到合适的种子，后期较小的 w 倾向于局部搜索[160]。w 为动态变化值，定义为

$$w=w_{\min}+(k_{\max}-k)(w_{\max}-w_{\min})/k_{\max} \tag{6-19}$$

式中 $w_{\min}$——最小权重因子，一般为[0.2，0.5]；

$w_{\max}$——最大权重因子，一般为[0.8，1]；

$k_{\max}$——最大迭代次数；

k——当前迭代次数。

式（6-19）中的 $w_{\min}$ 和 $w_{\max}$ 采用线性动态变化，即

$$w_{\min}=0.2+\frac{0.5-0.2}{k_{\max}}k \tag{6-20}$$

$$w_{\max}=1-\frac{1-0.8}{k_{\max}}k \tag{6-21}$$

计算过程采用动态变权重的 PSO 算法，计算过程如下所述：

Step1：初始化。设定初始种群的种群数为 24、惯性权重的变化如式（6-19）；k_{max} 为 3000，k 的初值为 1；解空间 D 设为 4，c_1、c_2 取为 1.7。粒子的适应度函数如式（6-22）。

Step2：随机给出 24 个初始粒子 x_i^t，将每个粒子的初始个体最优位置 p_{id}^t 设置为当前位置 x_i^t，计算每个粒子的适应度，取适应值最优的粒子所对应的个体最优位置作为初始群体最优位置 p_{gd}^t。

Step3：根据式（6-17）、（6-18）更新每个粒子的位置、速度，重新计算每个粒子的适应值。

Step4：将每个粒子的适应值与其最优个体的适应值进行比较，若更优，则更新个体最优位置 p_{id}^t，否则保留原值。将更新后的每个粒子的个体最优位置 p_{id}^t 与群体最优位置 p_{gd}^t 进行比较，若更优，则更新 p_{gd}^t，否则保留原值。

Step5：迭代次数 k 增加 1，若达到最大迭代次数或群体最优位置 p_{gd}^t 变化小于设定值 10^{-6}，则终止迭代，否则转到 Step3。

当前动态适应度最小的粒子就是全局最优粒子。个体最优粒子根据支配和非支配关系来决定。如果当前粒子支配个体最优粒子，则更新个体最优粒子；如果个体最优粒子支配当前粒子，则不更新。

6.3.2 建立适应度函数

根据位置关系方程建立如下适应度评价函数：

$$fitness(X_i)=\sum_{i=1}^{4}\left|\sqrt{(A_{ix}-B_{ix})^2+(A_{iy}-B_{iy})^2+(A_{iz}-B_{iz})^2}-l_i\right| \quad (6\text{-}22)$$

构造良好的评价函数对进化算法非常重要。解决多目标优化问题的方法之一是将多个目标函数表示成一个目标函数，这个转化过程称为聚合。对于一个具有 n 个目标的最小化问题，利用 PSO 算法求得的 $min\{fitness(X_i)\}$ 时的 $\boldsymbol{X}=(c \quad \varphi)^{\mathrm{T}}$ 即为位置正解初值。

6.3.3 迭代算法描述

如果初值不能达到满意的精度，继续采用 Broyden（拟牛顿）法进行迭代计算。这种算法起源于 20 世纪 60 年代，与 Newdon-Raphson（牛顿-罗夫生）法相比，相对较新且克服了 Newdon-Raphson 法需要求导数和求逆的缺点，计算量较小，是一种效率很高的方法。具体步骤如下：

Step1：以改进的 PSO 算法求解的式（6-22）的解作为初值，如果精度足够高，则不进行迭代计算，反之进入 Step2。

Step2：根据位置关系方程进行迭代计算。

$$\begin{cases} \boldsymbol{X}_{k+1} = \boldsymbol{X}_k - \boldsymbol{H}_k \boldsymbol{f}(\boldsymbol{X}_k) \\ \boldsymbol{H}_{k+1} = \boldsymbol{H}_k + \dfrac{(\Delta \boldsymbol{X}_k - \boldsymbol{H}_k \boldsymbol{Y}_k)(\Delta \boldsymbol{X}_k)^T \boldsymbol{H}_k}{(\Delta \boldsymbol{X}_k)^T \boldsymbol{H}_k \boldsymbol{Y}_k} \end{cases} \tag{6-23}$$

式中

$$\boldsymbol{H} = inv \begin{pmatrix} \dfrac{\partial l_1}{\partial X_1} & \dfrac{\partial l_1}{\partial X_2} & \dfrac{\partial l_1}{\partial X_3} & \dfrac{\partial l_1}{\partial X_4} \\ \dfrac{\partial l_2}{\partial X_1} & \dfrac{\partial l_2}{\partial X_2} & \dfrac{\partial l_2}{\partial X_3} & \dfrac{\partial l_2}{\partial X_4} \\ \dfrac{\partial l_3}{\partial X_1} & \dfrac{\partial l_3}{\partial X_2} & \dfrac{\partial l_3}{\partial X_3} & \dfrac{\partial l_3}{\partial X_4} \\ \dfrac{\partial l_4}{\partial X_1} & \dfrac{\partial l_4}{\partial X_2} & \dfrac{\partial l_4}{\partial X_3} & \dfrac{\partial l_4}{\partial X_4} \end{pmatrix}$$

$$\boldsymbol{f}(\boldsymbol{X}) = (l_1 \quad l_2 \quad l_3 \quad l_4)^{\mathrm{T}}$$

$$\Delta \boldsymbol{X}_k = \boldsymbol{X}_{k+1} - \boldsymbol{X}_k$$

$$\boldsymbol{Y}_k = \boldsymbol{f}(\boldsymbol{X}_{k+1}) - \boldsymbol{f}(\boldsymbol{X}_k)$$

Step3：当 $\|\Delta \boldsymbol{X}_k\| \leqslant \zeta$ 时，迭代结束，否则进入 Step2。

6.4 数值算例

6.4.1 4-UPU/UPS/SPS 并联机构位置正解计算

根据 6.3.3 节算法，对 $3T1R_z$、$2T_{xz}2R_{xz}$ 和 $1T_z3R$ 四自由度并联机

构进行位置正解计算。机构结构参数$a=d=0.2$ m, $b=0.5$ m, $c=0.3$ m；位置参数x、y、z搜索空间范围为$[x-10,\ x+10]$、$[y-10,\ y+10]$、$[z-20,\ z+20]$；姿态参数α、β、γ搜索区间为$[0, 15°]$；ζ等于10^{-5}。分别选取20组位姿参数，$3T1R_z$四自由度并联机构计算结果如表6-1所示。

表6-1　$3T1R_z$四自由度并联机构的20组位姿计算结果

	位姿	x/mm	y/mm	z/rad	α/rad
运动平台实际位姿	1	5	5	1000	3π/180
	2	7	3	1000	3π/180
	3	5	7	1005	6π/180
	4	4	2	1050	4π/180
	5	9	3	1040	π/180
	6	1	10	1040	0
	7	2	2	1005	2π/180
	8	2	5	1009	9π/180
	9	10	10	1002	5π/180
	10	9	7	1007	4π/180
	11	3	3	1003	π/180
	12	6	1	1020	9π/180
	13	7	11	1014	0
	14	6	9	1007	10π/180
	15	9	6	1009	6π/180
	16	12	10	1033	5π/180
	17	11	12	1078	7π/180
	18	15	2	1055	7π/180
	19	10	11	1034	8π/180
	20	2	13	1017	5π/180

续表

	位姿	x/mm	y/mm	z/rad	α/rad
PSO 算法计算值	1	5.000 000 000 00	5.000 000 000 00	1000.000 000 000 00	0.052 359 877 56
	2	7.000 000 000 00	3.000 000 000 00	1000.000 000 000 00	0.052 359 877 56
	3	5.000 000 000 00	7.000 000 000 00	1005.000 000 000 00	0.104 719 755 12
	4	3.999 999 999 95	1.999 999 999 99	1050.000 000 000 02	0.069 813 170 08
	5	9.000 000 000 00	3.000 000 000 00	1040.000 000 000 00	0.017 453 292 52
	6	1.000 000 000 00	10.000 000 000 00	1040.000 000 000 00	0
	7	2.000 000 000 00	2.000 000 000 00	1005.000 000 000 00	0.034 906 585 04
	8	2.000 000 000 00	5.000 000 000 00	1009.000 000 000 00	0.157 079 632 68
	9	10.000 000 000 01	10.000 000 000 00	1002.000 000 000 01	0.087 266 462 60
	10	9.000 000 000 00	7.000 000 000 00	1007.000 000 000 00	0.069 813 170 08
	11	3.000 000 000 00	3.000 000 000 00	1003.000 000 000 00	0.017 453 292 52
	12	6.000 000 000 00	1.000 000 000 00	1020.000 000 000 00	0.157 079 632 68
	13	7.000 000 000 00	11.000 000 000 00	1014.000 000 000 00	0
	14	6.000 000 000 00	9.000 000 000 00	1007.000 000 000 00	0.174 532 925 20
	15	9.000 000 000 00	6.000 000 000 00	1009.000 000 000 00	0.104 719 755 12
	16	12.000 000 000 00	10.000 000 000 00	1033.000 000 000 00	0.087 266 462 60
	17	11.000 000 000 00	12.000 000 000 00	1078.000 000 000 00	0.122 173 047 64
	18	15.000 000 000 00	2.000 000 000 00	1055.000 000 000 00	0.122 173 047 64
	19	10.000 000 000 00	11.000 000 000 00	1034.000 000 000 00	0.139 626 340 16
	20	2.000 000 000 00	13.000 000 000 00	1017.000 000 000 00	0.087 266 462 60

可以看出，采用改进的 PSO 算法得到的初值精度很高，无须采用 Broyden 法进行迭代计算。$2T_{xz}2R_{xz}$ 自由度并联机构位置正解计算结果如表 6-2 所示。

表 6-2　$2T_{xz}2R_{xz}$四自由度并联机构的 20 组位姿计算结果

	位姿	x/mm	z/mm	α/rad	γ/rad
运动平台实际位姿	1	5	1040	3π/180	3π/180
	2	7	1022	5π/180	π/180
	3	13	1100	7π/180	4π/180
	4	9	1021	2π/180	7π/180
	5	15	1017	6π/180	8π/180
	6	0	1020	π/180	π/180
	7	10	1011	0	3π/180
	8	6	1060	0	0
	9	1	1026	6π/180	9π/180
	10	5	1009	2π/180	3π/180
	11	2	1037	2π/180	4π/180
	12	8	1008	π/180	0
	13	12	1020	9π/180	9π/180
	14	14	1063	4π/180	5π/180
	15	8	1080	3π/180	3π/180
	16	11	1076	7π/180	π/180
	17	4	1066	π/180	2π/180
	18	14	1059	8π/180	6π/180
	19	0	1045	6π/180	5π/180
	20	13	1042	0	π/180
PSO 算法计算值	1	5.000 000 915 63	1040.000 000 004 33	0.052 359 876 24	0.052 359 877 53
	2	6.549 817 358 66	1021.999 652 279 93	0.087 936 907 35	0.017 449 442 30
	3	12.999 999 999 94	1100.000 000 000 11	0.122 173 047 56	0.069 813 170 08
	4	9.385 412 647 96	1021.578 002 074 34	0.035 265 039 89	0.135 434 604 54
	5	15.000 000 000 00	1017.000 000 000 00	0.104 719 755 12	0.139 626 340 16
	6	0.009 075 813 21	1020.000 018 007 38	0.017 440 029 34	0.017 453 328 92
	7	10.000 000 000 00	1011.000 000 000 00	0	0.052 359 877 56

续表

	位姿	x/mm	z/mm	α/rad	γ/rad
PSO 算法计算值	8	6.000 000 000 00	1060.000 000 000 00	0	0
	9	1.000 000 494 16	1026.000 000 010 40	0.104 719 754 41	0.157 079 632 65
	10	4.999 989 810 31	1008.999 999 999 78	0.034 906 599 86	0.052 359 877 64
	11	2.000 006 914 04	1037.000 000 054 93	0.034 906 574 81	0.069 813 170 20
	12	8.056 289 413 63	1008.011 696 570 89	0.017 852 231 96	0.000 236 003 00
	13	11.999 999 998 26	1020.000 000 000 19	0.157 079 632 68	0.157 079 632 68
	14	14.000 003 336 36	1062.999 999 949 46	0.069 813 165 53	0.087 266 462 73
	15	7.999 959 051 22	1080.000 000 162 86	0.052 359 933 55	0.052 359 877 13
	16	10.959 919 083 46	1075.999 731 092 58	0.122 229 761 06	0.017 453 043 19
	17	4.000 000 012 79	1065.999 999 995 45	0.017 452 231 88	0.034 906 434 96
	18	14.000 000 214 65	1058.999 999 986 25	0.139 626 292 16	0.104 719 884 19
	19	6.856 315 239 77	1045.072 111 154 75	0.094 792 774 25	0.087 647 459 52
	20	13.000 000 008 17	1042.000 000 007 94	0	0.017 453 292 52
Broyden 方法迭代值	1	#	#	#	#
	2	7.000 000 000 14	1022.000 000 000 00	0.087 266 462 60	0.017 453 292 52
	3	#	#	#	#
	4	8.999 999 999 99	1021.000 000 000 00	0.034 906 585 04	0.122 173 047 64
	5	#	#	#	#
	6	0	1020. 00000000000	0.017 449 999 99	0.017 453 292 52
	7	#	#	#	#
	8	#	#	#	#
	9	#	#	#	#
	10	#	#	#	#
	11	#	#	#	#
	12	8.000 000 000 00	1008.000 000 000 05	0.017 453 292 52	0
	13	#	#	#	#
	14	#	#	#	#

续表

	位姿	x/mm	z/mm	α/rad	γ/rad
Broyden 方法迭代值	15	#	#	#	#
	16	10.999 999 999 19	1076.000 000 000 00	0.122 173 047 66	0.017 453 292 52
	17	#	#	#	#
	18	#	#	#	#
	19	0.000 000 000 15	1045.000 000 000 05	0.104 719 755 12	0.087 266 462 60
	20	#	#	#	#

注：#表示未进行迭代计算的位置正解。

$2T_{xz}2R_{xz}$ 四自由度并联机构的某些位置正解精度较低，对这些位姿进行迭代计算，其中第二组和第四组分别迭代了四次和六次，迭代过程如图 6-1 和 6-2 所示。

其余精度较低的位置正解迭代过程与这两组位姿类似，计算结果如表 6-2 所示。$1T_z3R$ 四自由度并联机构位置正解结果如表 6-3 所示。

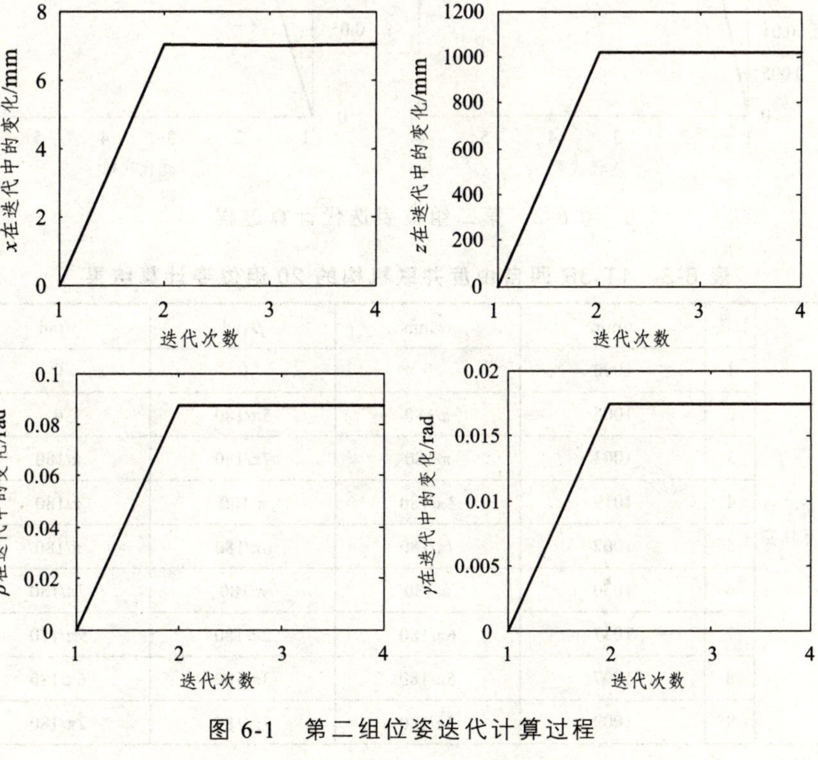

图 6-1　第二组位姿迭代计算过程

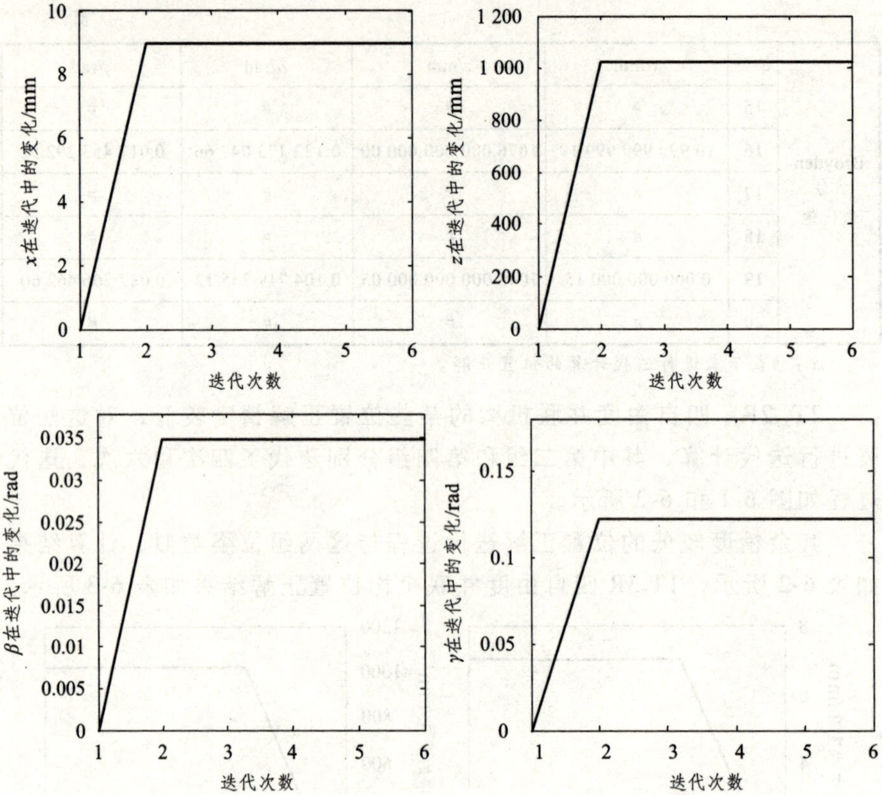

图 6-2　第二组位姿迭代计算过程

表 6-3　1T_z3R 四自由度并联机构的 20 组位姿计算结果

	位姿	z/mm	α/mm	β/rad	γ/rad
运动平台实际位姿	1	1000	0	0	0
	2	1005	π/180	5π/180	0
	3	1003	π/180	7π/180	π/180
	4	1019	3π/180	π/180	π/180
	5	1002	7π/180	6π/180	π/180
	6	1030	π/180	π/180	7π/180
	7	1027	6π/180	2π/180	9π/180
	8	1007	5π/180	3π/180	6π/180
	9	1009	3π/180	7π/180	2π/180

续表

	位姿	z/mm	α/mm	β/rad	γ/rad
运动平台实际位姿	10	1022	4π/180	3π/180	8π/180
	11	1064	π/180	8π/180	5π/180
	12	1050	6π/180	5π/180	3π/180
	13	1047	7π/180	10π/180	6π/180
	14	1073	3π/180	2π/180	0
	15	1039	π/180	0	0
	16	1021	9π/180	4π/180	7π/180
	17	1030	8π/180	π/180	0
	18	1042	10π/180	5π/180	2π/180
	19	1098	5π/180	9π/180	10π/180
	20	1089	2π/180	2π/180	5π/180
PSO算法计算值	1	1000.000 000 000 00	0	0	0
	2	1005.000 000 000 00	0.017 453 292 52	0.087 266 462 60	0
	3	1003.000 000 000 00	0.017 453 292 52	0.122 173 047 64	0.017 453 292 52
	4	1019.000 000 000 00	0.052 359 877 56	0.017 453 292 52	0.017 453 292 52
	5	1002.000 000 000 00	0.122 173 047 64	0.104 719 755 12	0.017 453 292 52
	6	1030.000 000 000 00	0.017 453 292 52	0.017 453 292 52	0.122 173 047 64
	7	1027.000 000 000 00	0.104 719 755 12	0.034 906 585 04	0.157 079 632 68
	8	1007.000 000 000 00	0.087 266 462 60	0.052 359 877 56	0.104 719 755 12
	9	1009.000 000 000 00	0.052 359 877 56	0.122 173 047 64	0.034 906 585 04
	10	1022.000 000 000 00	0.069 813 170 08	0.052 359 877 56	0.139 626 340 16
	11	1064.000 000 000 00	0.017 453 292 52	0.139 626 340 16	0.087 266 462 60
	12	1050.000 000 000 00	0.104 719 755 12	0.087 266 462 60	0.052 359 877 56
	13	1047.000 000 000 00	0.122 173 047 64	0.174 532 925 20	0.104 719 755 12
	14	1073.000 000 000 00	0.052 359 877 56	0.034 906 585 04	0
	15	1039.000 000 000 00	0.017 453 292 52	0	0
	16	1021.000 000 000 00	0.157 079 632 68	0.069 813 170 08	0.122 173 047 64
	17	1030.000 000 000 00	0.139 626 340 16	0.017 453 292 52	0
	18	1042.000 000 000 00	0.174 532 925 20	0.087 266 462 60	0.034 906 585 04
	19	1098.000 000 000 00	0.087 266 462 60	0.157 079 632 68	0.174 532 925 20
	20	1089.000 000 000 00	0.034 906 585 04	0.034 906 585 04	0.087 266 462 60

机构的位置正解初值精度高，就不再进行迭代计算。

6.4.2 4-UPU/UPS/SPS 运动学分析数值计算

机构驱动支链输入运动规律如下：

$$\begin{cases} l_1 = 1.241 - 0.0018t \\ l_2 = 1.208 - 0.002t \\ l_3 = 1.241 - 0.0017t \\ l_4 = 1.275 - 0.0016t \end{cases}$$

根据位置求解方法得到运动平台参考点姿态和位置变化曲线；在此基础上，根据速度关系方程得到运动平台参考点的速度和运动平台的角速度；最后，根据加速度关系方程得到运动平台参考点的加速度和运动平台的角加速度变化曲线，$3T1R_z$ 四自由度并联机构计算结果如图 6-3 所示。

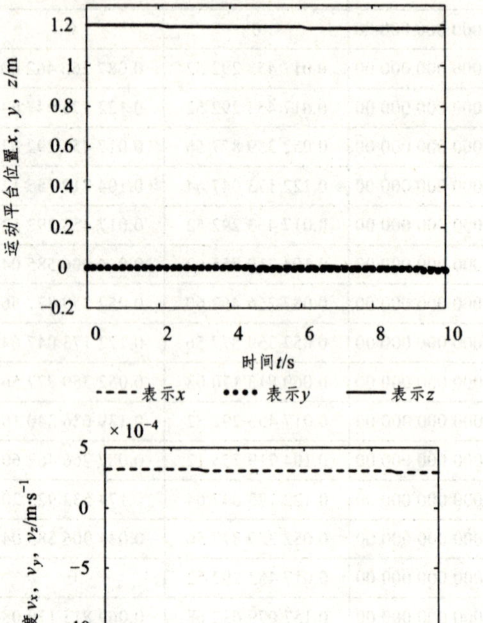

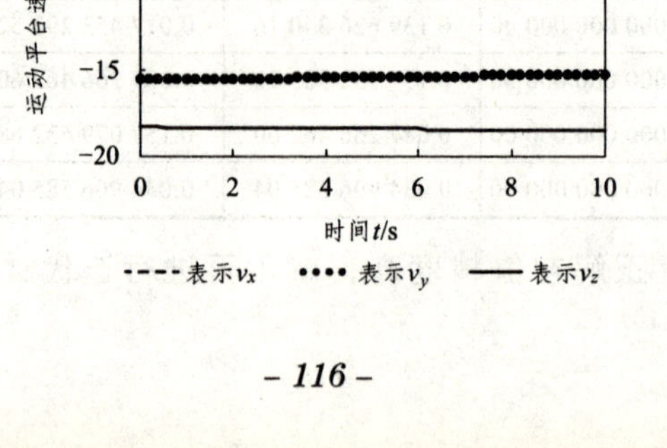

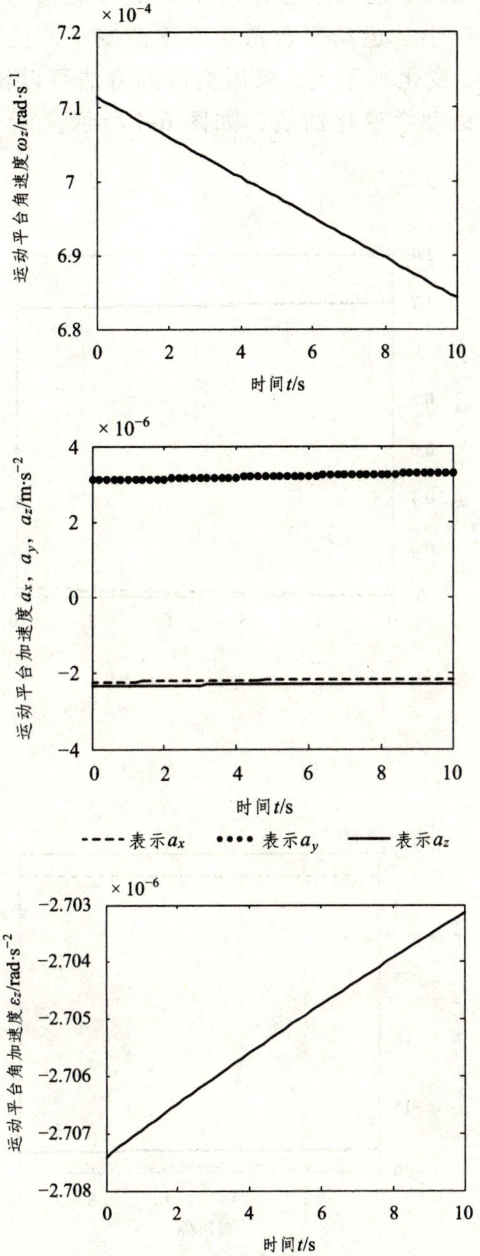

图 6-3　3T1R$_z$ 四自由度并联机构运动学分析曲线

随着支链的收缩，运动平台参考点向 *x*、*y* 轴负方向移动，但移动速度和加速度均很小。运动平台角速度逐渐减小，但变化不大，而角加速度逐渐增多，变化亦不大。采用类似的方法可以得到 $2T_{xz}R_{xz}$ 四自由度并联机构的运动学变化曲线，如图 6-4 所示。

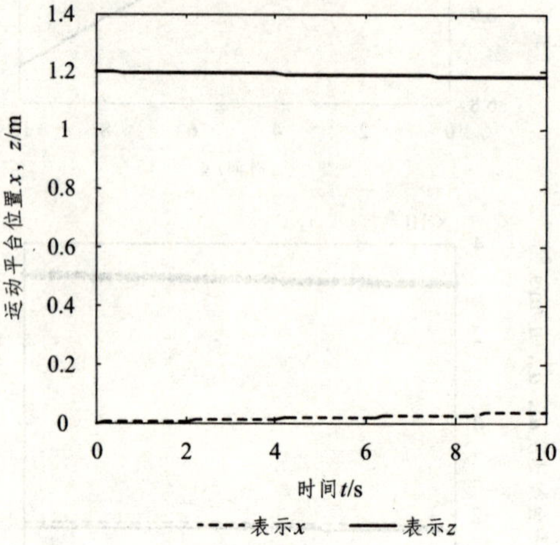

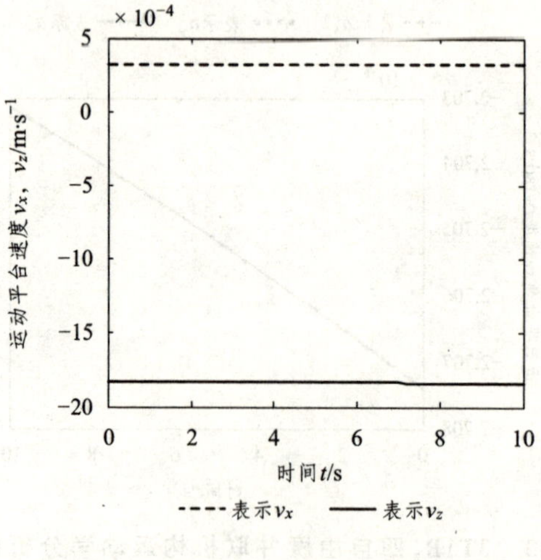

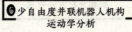

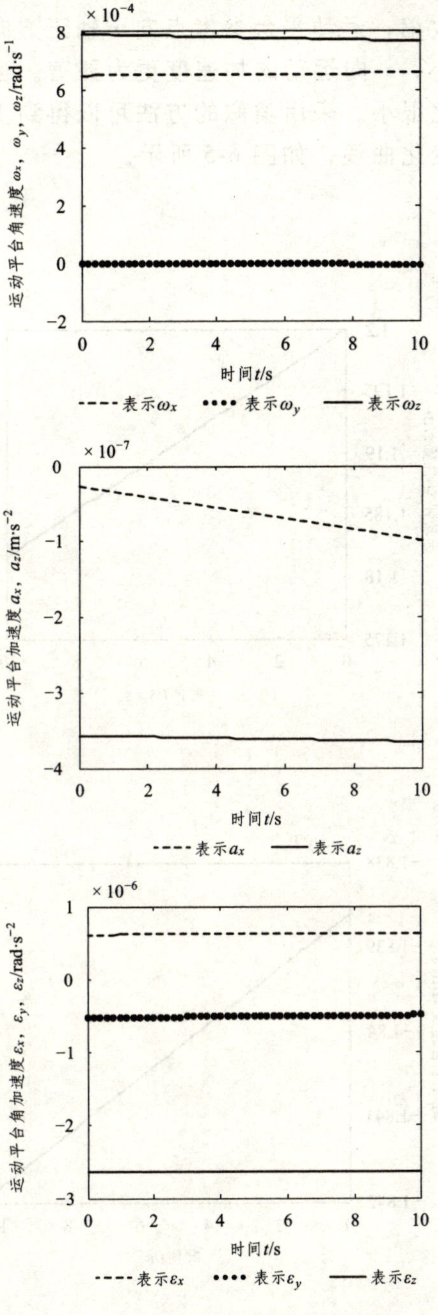

图 6-4　$2T_{xz}R_{xz}$ 四自由度并联机构运动学分析曲线

随着支链的收缩，运动平台参考点向 x 轴正方向移动，但移动速度和加速度均很小，z 向运动的加速度更为显著。运动平台角速度和角加速度曲线变化很小。采用类似的方法可以得到 $1T_z3R$ 四自由度并联机构的运动学变化曲线，如图 6-5 所示。

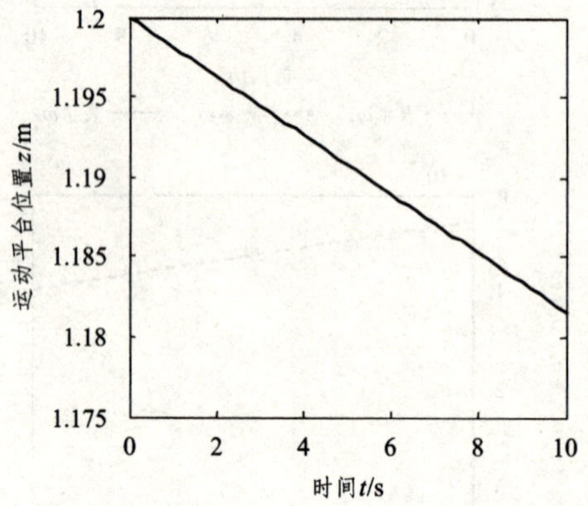

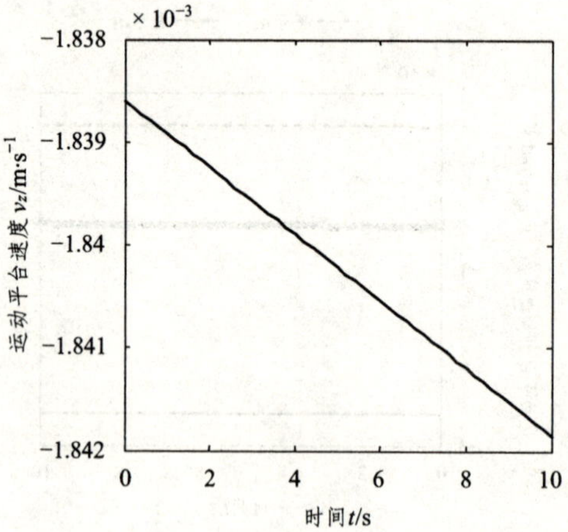

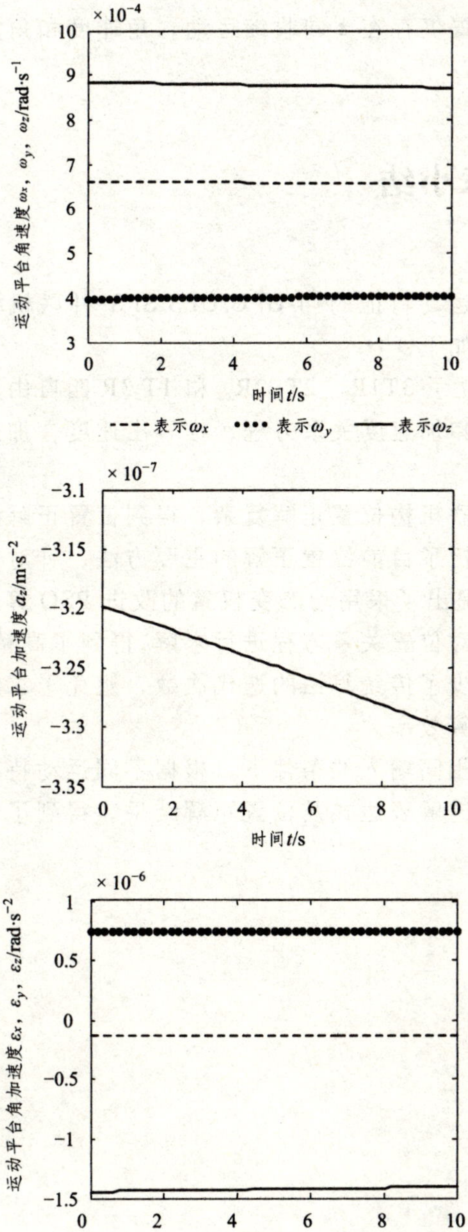

图 6-5　$1T_z3R$ 四自由度并联机构运动学分析曲线

运动平台位置仅存在 z 向收缩运动，角速度和角加速度运动过程变化不明显。

6.5 本章小结

本章对不同运动特征的 4-UPU/UPS/SPS 并联机构进行了运动学分析，具体工作如下：

（1）本章建立了 $3T1R_z$、$2T_{xz}2R_{xz}$ 和 $1T_z3R$ 四自由度并联机构输入输出位置、速度和加速度关系方程，推导出速度、加速度的正、逆解解析表达式。

（2）由于并联机构位置正解复杂，得到位置正解的解析表达式非常困难。本章分析了目前位置正解的主要方法，针对传统迭代法和智能算法的特点，提出了采用动态变权重的改进 PSO 算法和 Broyden 算法相结合的方法对位置关系方程进行求解，得到了高精度的位置正解。这种计算方法减少了传统算法的迭代次数，避免了求解过程不收敛的情况，提高了计算效率。

（3）在给定相同输入的条件下，根据不同运动特征的并联机构速度和加速度正、逆解表达式及位置正解结果，得到了运动平台中心点运动规律。

7 少自由度并联机器人机构动力学分析

7.1 概 述

本章按照约束性质，将并联机构分为过约束机构、含局部自由度机构和静定机构。过约束现象在少自由度并联机构中普遍存在。通常，一个构件失去 n 个自由度，需要存在 n 个线性无关的约束螺旋。对于少自由度并联机构，运动平台会失去一个或几个自由度，其中运动平台受到的约束螺旋具有相同的约束性质，即有线性相关的约束螺旋，该机构即为过约束并联机构，含公共约束和冗余约束的机构均属于过约束机构。机构的局部自由度可以定义为：机构中某个（些）构件具有的某个（些）不影响输出构件运动的自由度。静定机构为不含过约束和局部自由度的机构。利用 N-E 法建立过约束机构的平衡方程，机构的未知力个数多于平衡方程数，因此过约束并联机构在不考虑构件弹性、不增加变形协调方程的条件下，驱动力和运动副约束反力/力偶几乎无法求解，由于本文研究的并联机构均未考虑构件的变形，故不对过约束机构进行求解计算。利用 N-E 法建立含局部自由度机构的平衡方程，机构的未知力个数少于平衡方程数，但这些方程存在线性相关。尽管局部自由度对机构的末端输出无运动学影响，但可能会影响机构中各运动副对构件的作用力。

本章以不同运动特征的 4-UPS/SPS 并联机构为研究对象，根据奇异点、工作空间及性能评价指标的计算结果规划输入运动轨迹，运用 N-E 法建立机构动力学方程，并研究机构在同一尺度参数、不同输入轨迹条件下的运动副约束反力/力偶和驱动力。同时，将各驱动副摩擦考虑在动力学方程中，得到摩擦对驱动力的影响。

7.2 3T1R$_z$并联机构动力学分析

根据第 2 章内容可知，3T1R$_z$四自由度并联机构有 4-$U_{xz}P^D_{xyz}U_{xz}/P_xP_yP_zU_{yz}$、4-$SP^D_{xyz}S/P_xP_yP_zR_z$和 4-$U_{xy}P^D_{xyz}S/P_xP_yP_zR_z$（由于 U 副的运动轴线空间方位会影响支链的受力分析，因此 U 副需加下标表示空间转动轴线）。对于上述不同结构的并联机构，运动学分析基本相同，而各运动副约束反力/力偶不同，N-E 法建立的力/力矩平衡方程也不同，因此机构构件受到的运动副约束反力/力偶也不同。上述构型中，含 UPU 支链机构为过约束机构，下面不再进行讨论。

7.2.1 3T1R$_z$四自由度并联机构构件运动分析

1. 位置分析

运动平台姿态以 RPY 角描述。运动坐标系位姿相对于惯性坐标系的广义坐标表示为

$$\boldsymbol{X}=\begin{pmatrix}\boldsymbol{c}\\ \boldsymbol{\varphi}\end{pmatrix}$$

其中

$$\boldsymbol{c}=(x\quad y\quad z)^{\mathrm{T}}$$

$$\boldsymbol{\varphi}=(\alpha\quad 0\quad 0)^{\mathrm{T}}$$

动坐标系$\{O'\}$到固定坐标系$\{O\}$的旋转变换矩阵为 T_z。运动平台各顶点在动坐标系$\{O'\}$下坐标值为$(A'_{ix}, A'_{iy}, A'_{iz})$，在固定坐标系$\{O\}$中的坐标值为$(A_{ix}, A_{iy}, A_{iz})$；在固定坐标系$\{O\}$下的固定平台各顶点坐标为$(B_{ix}, B_{iy}, B_{iz})(i=1,2,\cdots,4)$则

$$\boldsymbol{A}_i=\boldsymbol{T}_z\boldsymbol{A}'_i+\boldsymbol{c}\quad (i=1, 2, \cdots, 4) \tag{7-1}$$

支链 i 的矢量表示为

$$\boldsymbol{l}_i = \boldsymbol{A}_i - \boldsymbol{B}_i \tag{7-2}$$

长度为

$$l_i = \left|\boldsymbol{A}_i - \boldsymbol{B}_i\right| \tag{7-3}$$

2. 速度分析

运动平台的广义位姿速度可表示为

$$\dot{\boldsymbol{X}} = \begin{pmatrix} \dot{\boldsymbol{c}} \\ \dot{\boldsymbol{\varphi}} \end{pmatrix} = (\dot{x} \quad \dot{y} \quad \dot{z} \quad \dot{\alpha} \quad 0 \quad 0) \tag{7-4}$$

根据第 6 章内容可知，运动平台角速度 $\boldsymbol{\omega}$ 为

$$\boldsymbol{\omega} = \begin{pmatrix} 0 \\ 0 \\ \dot{\alpha} \end{pmatrix} \tag{7-5}$$

运动平台各铰点在 $\{O\}$ 坐标系下的速度为

$$\boldsymbol{v}_{Ai} = \dot{\boldsymbol{c}} + \boldsymbol{\omega} \cdot (\boldsymbol{T}_z \boldsymbol{A}_i') \tag{7-6}$$

由式（7-2）可得，输入速度为

$$\dot{\boldsymbol{l}}_i = \dot{l}_i \boldsymbol{e}_{ni} \tag{7-7}$$

驱动杆伸缩速率为

$$\dot{l}_i = \begin{pmatrix} \dfrac{\partial l}{\partial x} & \dfrac{\partial l}{\partial y} & \dfrac{\partial l}{\partial z} & \dfrac{\partial l}{\partial \alpha} \end{pmatrix} \begin{pmatrix} \dot{x} \\ \dot{y} \\ \dot{z} \\ \dot{\alpha} \end{pmatrix} \tag{7-8}$$

$\boldsymbol{e}_{ni}$ 为第 i 条驱动杆伸缩的单位方向矢量，其中

$$\boldsymbol{e}_{ni} = \frac{\boldsymbol{l}_i}{l_i} = (e_{nix} \quad e_{niy} \quad e_{niz})^{\mathrm{T}} \tag{7-9}$$

支链由缸筒和活塞杆组成，各构件运动包括空间转动和移动，活塞杆质心速度为

$$\boldsymbol{v}_{gi} = \dot{\boldsymbol{l}}_i + \boldsymbol{\omega}_{li} \cdot (\boldsymbol{l}_i - r_g \boldsymbol{e}_{ni}) \tag{7-10}$$

式中　r_g——活塞杆质心与上铰点之间的距离。

$\boldsymbol{\omega}_{li}$——驱动支链角速度，即

$$\boldsymbol{\omega}_{li} = \boldsymbol{e}_{ni} \cdot \boldsymbol{v}_{Ai} \tag{7-11}$$

缸筒的质心速度为

$$\boldsymbol{v}_{ti} = \boldsymbol{\omega}_{li} \cdot r_t \boldsymbol{e}_{ni} \tag{7-12}$$

式中　r_t——缸筒质心与下铰点之间的距离。

假设缸筒和活塞杆均质且各向同性，质心位于其几何中心。

3. 加速度分析

运动平台的广义位姿加速度为

$$\ddot{\boldsymbol{X}} = \begin{pmatrix} \ddot{\boldsymbol{c}} \\ \ddot{\boldsymbol{\varphi}} \end{pmatrix} = (\ddot{x} \quad \ddot{y} \quad \ddot{z} \quad \ddot{\alpha} \quad 0 \quad 0)^{\mathrm{T}} \tag{7-13}$$

支链的角加速度

$$\boldsymbol{\varepsilon}_{li} = \dot{\boldsymbol{\omega}}_{li} \tag{7-14}$$

活塞杆质心的加速度

$$\boldsymbol{a}_{gi} = \dot{\boldsymbol{v}}_{gi} \tag{7-15}$$

缸筒质心的加速度为

$$\boldsymbol{a}_{ti} = \dot{\boldsymbol{v}}_{ti} \tag{7-16}$$

7.2.2　4-$SP^{D}_{xyz}S/P_xP_yP_zR_z$ 并联机构主动力和约束反力/力偶分析

4-$SP^{D}_{xyz}S/P_xP_yP_zR_z$ 并联机构属于从动支链约束机构，机构由 4 个 SPS 结构的驱动支链和 1 个 PPPR 结构的从动支链组成。SPS 支链不存在约束螺旋，在 B_i 处建立支链坐标系，示力图如图 7-1 所示。

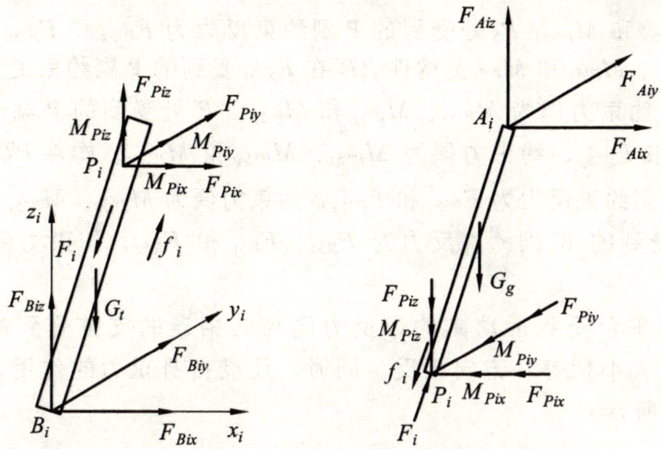

图 7-1　SPS 支链示力图

构件 B_iP_i 在 B_i 处受到的 S 副约束反力为 F_{Bix}、F_{Biy} 和 F_{Biz}；P_i 处受到的 P 副约束反力为 F_{Pix}、F_{Piy} 和 F_{Piz}，约束力偶为 M_{Pix}、M_{Piy} 和 M_{Piz}。构件 P_iA_i 在 P_i 处受到的 P 副约束反力为 F_{Pix}、F_{Piy} 和 F_{Piz}，约束力偶为 M_{Pix}、M_{Piy} 和 M_{Piz}；在 A_i 处受到的 S 副约束反力为 F_{Aix}、F_{Aiy} 和 F_{Aiz}。$\boldsymbol{f}_i$ 表示缸筒与活塞杆之间的摩擦力，其大小与 F_{Pix}、F_{Piy} 和 F_{Piz} 有关，不是独立变量。从动支链示力图如图 7-2 所示。

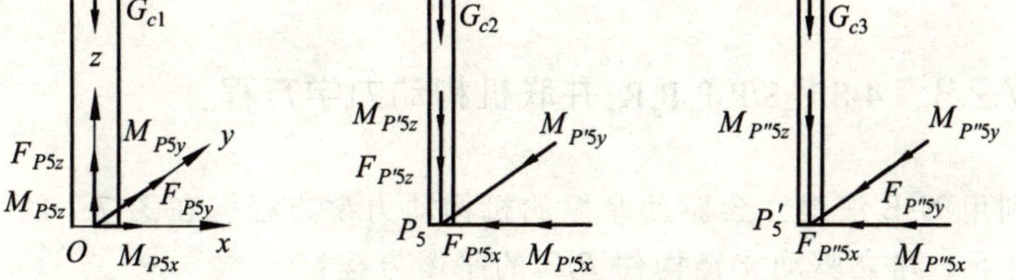

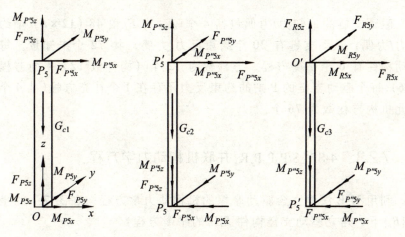

图 7-2　PPPR 支链示力图

构件 OP_5 在 O 处受到的 P 副约束反力为 F_{P5y} 和 F_{P5z}，约束力偶为

M_{P5x}、M_{P5y}和M_{P5z}；P_5处受到的P副约束反力为$F_{P'5x}$和$F_{P'5z}$，约束力偶为$M_{P'5x}$、$M_{P'5y}$和$M_{P'5z}$。构件P_5P_5'在P_5处受到的P副约束反力为$F_{P'5x}$和$F_{P'5z}$，约束力偶为$M_{P'5x}$、$M_{P'5y}$和$M_{P'5z}$；P_5'处受到的P副约束反力为$F_{P''5x}$和$F_{P''5y}$，约束力偶为$M_{P''5x}$、$M_{P''5y}$和$M_{P''5z}$。构件$P_5'O'$在P_5'处受到的P副约束反力为$F_{P''5x}$和$F_{P''5y}$，约束力偶为$M_{P''5x}$、$M_{P''5y}$和$M_{P''5z}$；在O'处受到的R副约束反力为F_{R5x}、F_{R5y}和F_{R5z}，约束力偶为M_{R5x}和M_{R5y}。

运动平台受到运动副约束反力同与其相连的支链受到的运动副约束反力大小相等、方向相反。同时，还受自身重力的作用，示力图如图 7-3 所示。

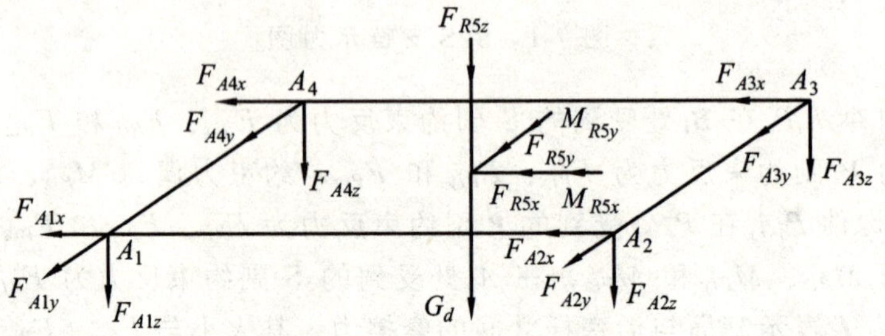

图 7-3　运动平台示力图

驱动支链的未知力/力偶包括 4 个驱动力 F_i 和 48（12×4）个约束反力/力偶；从动支链有 20 个约束反力/力偶，共 72 个未知量。每个活动构件有 6 个平衡方程，方程数为 72 个（构件数 12×平衡方程数目 6），每个驱动支链的 P 副的约束反力还存在 1 个补充方程（共 4 个），因此机构方程数为 76 个。

7.2.3　4-$SP_{xyz}^{D}S/P_xP_yP_zR_z$ 并联机构动力学方程

利用 N-E 法建立含驱动摩擦的机构动力学方程。在图 7-1 的坐标系$\{B_i\}$下，建立驱动支链构件B_iP_i的平衡方程：

$$\begin{cases}{}^B\boldsymbol{F}_{Bi}+{}^B\boldsymbol{F}_{Pi}-{}^B\boldsymbol{F}_i+{}^B\boldsymbol{f}_i+{}^B\boldsymbol{G}_t+{}^B\boldsymbol{F}_{ti}=0\\(\boldsymbol{l}_i-2r_g\boldsymbol{e}_{ni})\times{}^B\boldsymbol{F}_{Pi}+{}^B\boldsymbol{M}_{Pi}+r_t\boldsymbol{e}_{ni}\times{}^B\boldsymbol{G}_t+{}^B\boldsymbol{M}_{ti}=0\end{cases}\tag{7-17}$$

式中 $^{B}\boldsymbol{F}_{Bi}$——与固定平台相连的 S 副的约束反力，即$(F_{Bix}\ F_{Biy}\ F_{Biz})^{\mathrm{T}}$；

$^{B}\boldsymbol{F}_{Pi}$——P 副的约束反力，即$(F_{Pix}\ F_{Piy}\ F_{Piz})^{\mathrm{T}}$；

$^{B}\boldsymbol{F}_{i}$——支链驱动力，即$(F_{ix}\ F_{iy}\ F_{iz})^{\mathrm{T}}$；

$^{B}\boldsymbol{M}_{Pi}$——P 副的约束力偶，即$(M_{Pix}\ M_{Piy}\ M_{Piz})^{\mathrm{T}}$；

$^{B}\boldsymbol{F}_{ti}$——构件 B_iP_i 的惯性力，其值为

$$^{B}\boldsymbol{F}_{ti}=-m_t\boldsymbol{a}_{ti} \tag{7-18}$$

$^{B}\boldsymbol{G}_{t}$——构件 B_iP_i 的重力，矢量表示为（0　0　$-m_tg$）；

m_t——构件 B_iP_i 的质量；

g——重力加速度；

$^{B}\boldsymbol{M}_{ti}$——构件 B_iP_i 的惯性力矩，其值为

$$^{B}\boldsymbol{M}_{ti}=-{}_{i}^{B}\boldsymbol{R}\boldsymbol{I}_{ti}{}^{B}\boldsymbol{R}^{T}\boldsymbol{\varepsilon}_{li}-\boldsymbol{\omega}_{li}\times({}_{i}^{B}\boldsymbol{R}\boldsymbol{I}_{ti}{}^{B}\boldsymbol{R}^{T}\boldsymbol{\omega}_{li}) \tag{7-19}$$

式中 $\boldsymbol{I}_t$——构件 B_iP_i 在支链坐标系下的惯性张量；

${}_{i}^{B}\boldsymbol{R}$——支链坐标系相对于$\{B_i\}$坐标系的旋转矩阵。

$\{B_i\}$坐标系相对于支链坐标系变换过程为：$\{B_i\}$坐标系先绕 z_i 轴旋转 φ_i 角，然后再绕新的 y_i 轴即 y_{li} 旋转 ϑ_i 角，如图 7-4 所示。

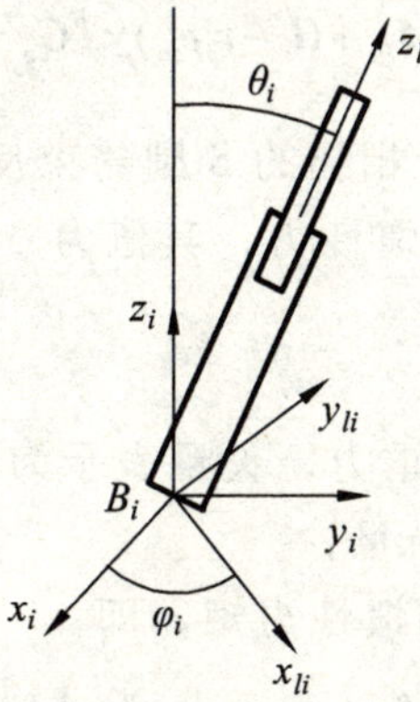

图 7-4　支链的欧拉角

旋转变换矩阵：

$${}_{i}^{B}\boldsymbol{R}=(\boldsymbol{R}_2\boldsymbol{R}_1)^{-1}=\begin{pmatrix}\cos\varphi_i\cos\vartheta_i & -\sin\varphi_i & \cos\varphi_i\sin\vartheta_i\\ \sin\varphi_i\cos\vartheta_i & \cos\varphi_i & \sin\varphi_i\sin\vartheta_i\\ -\sin\vartheta_i & 0 & \cos\vartheta_i\end{pmatrix}$$

式中

$$R_1=\begin{pmatrix}\cos\varphi_i & \sin\varphi_i & 0\\ -\sin\varphi_i & \cos\varphi_i & 0\\ 0 & 0 & 1\end{pmatrix}$$

$$R_2=\begin{pmatrix}\cos\vartheta_i & 0 & -\sin\vartheta_i\\ 0 & 1 & 0\\ \sin\vartheta_i & 0 & \cos\vartheta_i\end{pmatrix}$$

$$\vartheta_i=\arccos e_{niz}$$

$$\begin{cases}\varphi_i=\arccos\dfrac{e_{nix}}{\sqrt{e_{nix}^2+e_{niy}^2}} & (i=1,\ 2)\\ \varphi_i=2\pi-\arccos\dfrac{e_{nix}}{\sqrt{e_{nix}^2+e_{niy}^2}} & (i=3,\ 4)\end{cases}$$

驱动支链活塞杆构件 A_iP_i 在 $\{B_i\}$ 坐标系下的平衡方程为

$$\begin{cases}-{}^B\boldsymbol{F}_{Pi}+{}^B\boldsymbol{F}_{Ai}+{}^B\boldsymbol{F}_i-{}^B\boldsymbol{f}_i+{}^B\boldsymbol{F}_{gi}+{}^B\boldsymbol{G}_g=0\\ -(\boldsymbol{l}_i-2r_g\boldsymbol{e}_{ni})\times{}^B\boldsymbol{F}_{Pi}-{}^B\boldsymbol{M}_{Pi}+(\boldsymbol{l}_i-r_g\boldsymbol{e}_{ni})\times{}^B\boldsymbol{G}_g+\boldsymbol{l}_i\times{}^B\boldsymbol{F}_{Ai}+\boldsymbol{M}_{gi}=0\end{cases}\tag{7-20}$$

式中 ${}^B\boldsymbol{F}_{Ai}$——与运动平台相连的 S 副约束反力，即 $(F_{Aix}\ F_{Aiy}\ F_{Aiz})^{\mathrm{T}}$；

${}^B\boldsymbol{F}_{gi}$——构件 A_iP_i 的惯性力，其值为

$${}^B\boldsymbol{F}_{gi}=-m_g\boldsymbol{a}_{gi}\tag{7-21}$$

${}^B\boldsymbol{G}_g$——构件 A_iP_i 的重力，矢量表示为 $(0\quad 0\quad -m_gg)^{\mathrm{T}}$；

m_g——构件 A_iP_i 的质量；

${}^B\boldsymbol{M}_{gi}$——构件 A_iP_i 的惯性力矩，即

$${}^B\boldsymbol{M}_{gi}=-{}_i^B\boldsymbol{R}\boldsymbol{I}_{gi}{}^B\boldsymbol{R}^T\boldsymbol{\varepsilon}_{li}-\boldsymbol{\omega}_{li}\times({}_i^B\boldsymbol{R}\boldsymbol{I}_{gi}{}^B\boldsymbol{R}^T\boldsymbol{\omega}_{li})\tag{7-22}$$

式中 $\boldsymbol{I}_g$——构件 A_iP_i 在支链坐标系下的惯性张量。

每条驱动支链的 P 副还存在一个补充方程，即

$${}^B\boldsymbol{F}_{Pi}\cdot\boldsymbol{e}_{ni}=0\tag{7-23}$$

从动支链的 OP_5 构件在 $\{O\}$ 系下的平衡方程为

$$\begin{cases} {}^O\boldsymbol{F}_{P'5} + {}^O\boldsymbol{F}_{P5} + {}^O\boldsymbol{G}_{c1} + {}^O\boldsymbol{F}_{t51} = 0 \\ {}^O\boldsymbol{M}_{P'5} + {}^O\boldsymbol{M}_{P5} + (x \quad y \quad 2r_{c1})^{\mathrm{T}} \times {}^O\boldsymbol{F}_{P'5} + {}^O\boldsymbol{M}_{t51} = 0 \end{cases} \tag{7-24}$$

式中 ${}^O\boldsymbol{F}_{P'5}$——P_5 处 P 副的约束反力，即$(F_{P'5x} \quad 0 \quad F_{P'5z})^{\mathrm{T}}$；

${}^O\boldsymbol{F}_{P5}$——O 处 P 副的约束反力，即$(0 \quad F_{P5y} \quad F_{P5z})^{\mathrm{T}}$；

${}^O\boldsymbol{M}_{P'5}$——P_5 处 P 副的约束力偶，即$(M_{P'5x} \quad M_{P'5y} \quad M_{P'5z})^{\mathrm{T}}$；

${}^O\boldsymbol{M}_{P5}$——O 处 P 副的约束力偶，即$(M_{P5x} \quad M_{P5y} \quad M_{P5z})^{\mathrm{T}}$；

r_{c1}——构件 OP_5 质心到杆件端点的距离，杆件等截面且均质，杆件质心位于几何中心；

${}^O\boldsymbol{F}_{t51}$——OP_5 构件的惯性力，即

$$ {}^O\boldsymbol{F}_{t51} = -m_{c1}(\ddot{x} \quad 0 \quad 0)^{\mathrm{T}} \tag{7-25}$$

${}^O\boldsymbol{M}_{t51}$——OP_5 构件的惯性力矩，即

$$ {}^O\boldsymbol{M}_{t51} = 0 \tag{7-26}$$

${}^O\boldsymbol{G}_{c1}$——OP_5 构件的重力，矢量表示为$(0 \quad 0 \quad -m_{c1}g)$；

m_{c1}——OP_5 构件的质量。

从动支链的 P_5P_5' 构件在$\{O\}$坐标系下的平衡方程为

$$\begin{cases} -{}^O\boldsymbol{F}_{P'5} + {}^O\boldsymbol{F}_{P''5} + {}^O\boldsymbol{G}_{c2} + {}^O\boldsymbol{F}_{t52} = 0 \\ -{}^O\boldsymbol{M}_{P'5} + {}^O\boldsymbol{M}_{P''5} - (x \quad y \quad 2r_{c1})^{\mathrm{T}} \times {}^O\boldsymbol{F}_{P'5} + (x \quad y \quad z-2r_{c3}) \times {}^O\boldsymbol{F}_{P''5} + {}^O\boldsymbol{M}_{t52} = 0 \end{cases} \tag{7-27}$$

式中 ${}^O\boldsymbol{F}_{P''5}$—— P_5' 处 P 副的约束反力，矢量表示为$(F_{P''5x} \quad F_{P''5y} \quad 0)^{\mathrm{T}}$；

${}^O\boldsymbol{M}_{P''5}$—— P_5' 处的 P 副的约束力偶，矢量表示为$(M_{P''5x} \quad M_{P''5y}\, M_{P''5z})^{\mathrm{T}}$；

r_{c3}——构件 $P_5'O'$ 质心到杆件端点的距离；

${}^O\boldsymbol{F}_{t52}$—— P_5P_5' 构件的惯性力，即

$$ {}^O\boldsymbol{F}_{t52} = -m_{c2}(\ddot{x} \quad \ddot{y} \quad 0)^{\mathrm{T}} \tag{7-28}$$

${}^O\boldsymbol{M}_{t52}$—— P_5P_5' 构件的惯性力矩，即

$$ {}^O\boldsymbol{M}_{t52} = 0 \tag{7-29}$$

${}^O\boldsymbol{G}_{c2}$—— P_5P_5' 构件的重力，矢量表示为$(0 \quad 0 \quad -m_{c2}g)$；

m_{c2}—— P_5P_5' 构件的质量。

从动支链的 $P_5'O'$ 构件在 $\{O\}$ 系下的平衡方程为

$$\begin{cases}-{}^O\boldsymbol{F}_{P''5}+{}^O\boldsymbol{F}_{R5}+{}^O\boldsymbol{G}_{c3}+{}^O\boldsymbol{F}_{t53}=0\\-{}^O\boldsymbol{M}_{P''5}+{}^O\boldsymbol{M}_{R5}-(x\quad y\quad z-2r_{c3})\times{}^O\boldsymbol{F}_{P''5}+(x\quad y\quad z)\times{}^O\boldsymbol{F}_{R5}+{}^O\boldsymbol{M}_{t53}=0\end{cases} \tag{7-30}$$

式中 ${}^O\boldsymbol{F}_{R5}$——O' 处 R 副的约束反力，矢量表示为 $(F_{R5x}\quad F_{R5y}\quad F_{R5z})^{\mathrm{T}}$；

${}^O\boldsymbol{M}_{R5}$——O' 处 R 副的约束力偶，矢量表示为 $(M_{Rx}\quad M_{Ry}\quad 0)^{\mathrm{T}}$；

${}^O\boldsymbol{F}_{t53}$——$P_5'O'$ 构件的惯性力，即

$$ {}^O\boldsymbol{F}_{t53}=-\boldsymbol{m}_g(0\quad 0\quad \ddot{z})^{\mathrm{T}} \tag{7-31}$$

${}^O\boldsymbol{M}_{t53}$——$P_5'O'$ 构件的惯性力矩，即

$$ {}^O\boldsymbol{M}_{t53}=0 \tag{7-32}$$

运动平台在 $\{O\}$ 系下的平衡方程为

$$\begin{cases}-\sum_{i=1}^{4}{}^O\boldsymbol{F}_{Ai}-{}^O\boldsymbol{F}_{R5}+{}^O\boldsymbol{G}_d+{}^O\boldsymbol{F}_d=0\\-\sum_{i=1}^{4}\boldsymbol{OA}_i\times{}^O\boldsymbol{F}_{Ai}-{}^O\boldsymbol{M}_{R5}+{}^O\boldsymbol{M}_d=0\end{cases} \tag{7-33}$$

式中 ${}^O\boldsymbol{F}_{Ai}$、${}^B\boldsymbol{F}_{Ai}$——作用力与反作用力关系，表示 S 副对运动平台的约束反力；

${}^O\boldsymbol{F}_d$——运动平台的惯性力，即

$$ {}^O\boldsymbol{F}_d=-m_d\ddot{\boldsymbol{c}} \tag{7-34}$$

${}^O\boldsymbol{M}_d$——运动平台的惯性力矩，即

$$ {}^O\boldsymbol{M}_d=-\boldsymbol{R}(\beta_y,\gamma_x)\boldsymbol{I}_d\boldsymbol{R}(\beta_y,\gamma_x)^{\mathrm{T}}\dot{\boldsymbol{\omega}}-\boldsymbol{\omega}[\boldsymbol{R}(\beta_y,\gamma_x)\boldsymbol{I}_d\boldsymbol{R}(\beta_y,\gamma_x)^{\mathrm{T}}\boldsymbol{\omega}] \tag{7-35}$$

${}^O\boldsymbol{G}_d$——运动平台的重力，矢量表示为 $(0\quad 0\quad -m_dg)^{\mathrm{T}}$；

m_d——运动平台质量。

4-$SP^{D}_{xyz}S/P_xP_yP_zR_z$ 并联机构的动力学方程含 76 个等式，SPS 支链的方程中有 4 个方程非独立，因此线性无关的方程个数为 72，机构的未

知量（72 个）与线性无关的平衡方程数相等，属静定机构。经计算发现，驱动支链的方程存在线性相关，共 12 个方程，线性无关的方程为 11 个。

7.2.4 $4\text{-}U_{xy}P_{xyz}^{D}S/P_xP_yP_zR_z$ 并联机构构件受力分析

对 UPS 驱动支链（缸筒和活塞杆）进行受力分析，在 B_i 处建立支链坐标系，坐标系方向和构件示力图如图 7-5 所示。

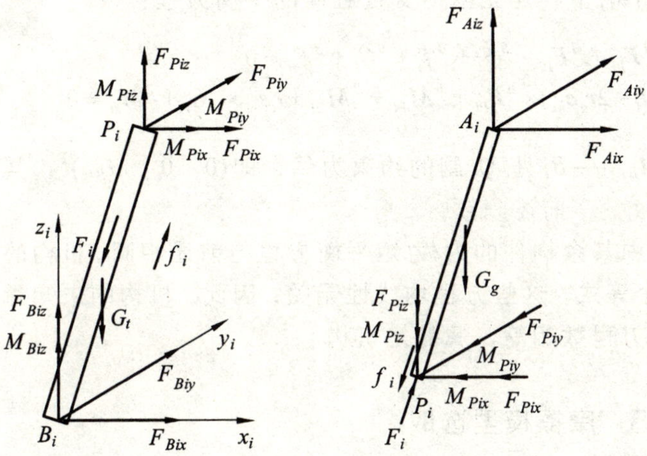

图 7-5 UPS 支链示力图

缸筒（即 B_iP_i 杆件）在 B_i 处受到的 U 副约束反力为 F_{Bix}、F_{Biy} 和 F_{Biz}，约束力偶为 M_{Biz}；在 P_i 处受到的 P 副约束反力为 F_{Pix}、F_{Piy} 和 F_{Piz}，约束力偶为 M_{Pix}、M_{Piy} 和 M_{Piz}。活塞杆（即 P_iA_i 杆件）在 P_i 处受到的 P 副约束反力为 F_{Pix}、F_{Piy} 和 F_{Piz}，约束力偶为 M_{Pix}、M_{Piy} 和 M_{Piz}；在 A_i 处受到的 S 副约束反力为 F_{Aix}、F_{Aiy} 和 F_{Aiz}，方向如图 7-5 所示。从动支链和运动平台示力图如图 7-2 和 7-3 所示。

驱动支链的未知力/力偶包括 4 个驱动力和 52（13×4）个约束反力/力偶；从动支链有 20 个约束反力/力偶，共 76 个未知量。每个活动构件有 6 个平衡方程，方程数为 72 个（构件数 12×平衡方程数目 6），每个驱动支链的 P 副的约束反力还存在 1 个补充方程[方程（7-23），共 4 个]，因此机构线性无关的平衡方程数为 76 个。$\boldsymbol{f}_i$ 表示缸筒与活塞杆之间的摩擦力，大小与 F_{Pix}、F_{Piy} 和 F_{Piz} 有关，不是独立变量。

综上所述，机构动力学方程为静定方程，可以求解全部未知数。由于 $4\text{-}U_{xy}P^{D}_{xyz}S/P_xP_yP_zR_z$ 并联机构与 $4\text{-}SP^{D}_{xyz}S/P_xP_yP_zR_z$ 并联机构仅仅是将 B_i 处的 S 副换为 U 副，即可得到 $4\text{-}U_{xy}P^{D}_{xyz}S/P_xP_yP_zR_z$ 机构。与 $4\text{-}SP^{D}_{xyz}S/P_xP_yP_zR_z$ 机构相比，该构型机构在 B_i 处多了一个约束力偶 M_{Biz}。因此，机构有 76 个未知量，构件数与前述机构相同，可以写出 76 个受力平衡方程。采用 N-E 法建立含摩擦的机构动力学方程。在图 7-5 的坐标系 $\{B_i\}$ 下，建立驱动支链缸筒的平衡方程：

$$\begin{cases} {}^{B}\boldsymbol{F}_{Bi} + {}^{B}\boldsymbol{F}_{Pi} - {}^{B}\boldsymbol{F}_{i} + {}^{B}\boldsymbol{f}_{i} + {}^{B}\boldsymbol{G}_{t} + {}^{B}\boldsymbol{F}_{ti} = 0 \\ (\boldsymbol{l}_i - 2r_g\boldsymbol{e}_{ni}) \times {}^{B}\boldsymbol{F}_{Pi} + {}^{B}\boldsymbol{M}_{Pi} + {}^{B}\boldsymbol{M}_{Bi} + r_t\boldsymbol{e}_{ni} \times {}^{B}\boldsymbol{G}_{t} + {}^{B}\boldsymbol{M}_{ti} = 0 \end{cases} \tag{7-36}$$

式中　${}^{B}\boldsymbol{M}_{Bi}$——$B_i$ 处 U 副的约束力偶，即 $(0\quad 0\quad M_{Biz})^{\mathrm{T}}$；其余变量与前述一致。

机构中其余构件的力/力矩平衡方程与前述相同。机构的动力学方程有 76 个等式，这些方程均线性无关。因此，机构的未知量与线性无关的平衡方程数相等，属静定机构。

7.2.5　摩擦模型选取

库仑和指数摩擦模型[161]等属于静态摩擦模型；Dahl[162]和 LuGre[163]摩擦模型等属于动态摩擦模型。动态摩擦模型可以更好地描述界面间摩擦状态的变化，但包含的参数较多。这些参数往往还含有不可测量的值，模型参数的辨识是难点。静态摩擦模型则略显不足，但依然使用广泛，参数易于确定。本书的重点在研究摩擦对驱动力的影响，选取经典的库伦摩擦模型进行计算，表达式为

$$f_i = \mu_c N_i \tag{7-37}$$

式中　μ_c——动摩擦因数；

N_i——正压力，其中

$$N_i = \sqrt{F_{Pix}^2 + F_{Piy}^2 + F_{Piz}^2}$$

7.2.6 含摩擦的动力学方程求解

联立机构所有构件的力/力矩平衡方程，可以表示为

$$\boldsymbol{AX} = -\boldsymbol{B}_I - \boldsymbol{B}_G - \boldsymbol{B}_f \tag{7-38}$$

式中 $\boldsymbol{X}$——约束反力/力偶和驱动力矩阵；

$\boldsymbol{A}$——系数矩阵；

$\boldsymbol{B}_I$——惯性矩阵；

$\boldsymbol{B}_G$——重力矩阵；

$\boldsymbol{B}_f$——摩擦力矩阵。

$\boldsymbol{A}$、$\boldsymbol{B}_I$和$\boldsymbol{B}_G$为已知矩阵，$\boldsymbol{B}_f$与$\boldsymbol{X}$有关。不含摩擦时，$\boldsymbol{B}_f=0$，则

$$\boldsymbol{X} = \boldsymbol{A}^{-1}(-\boldsymbol{B}_I - \boldsymbol{B}_G) \tag{7-39}$$

考虑摩擦时，求解过程如下：

Step1：将不含摩擦时求得的$\boldsymbol{X}$记为$\boldsymbol{X}_0$，把$\boldsymbol{X}_0$代入摩擦模型计算$\boldsymbol{B}_f$，得到的$\boldsymbol{B}_f$记为$\boldsymbol{B}_{f0}$。

Step2：$\boldsymbol{B}_{f0}$代入式（7-38），求解$\boldsymbol{X}$，记为$\boldsymbol{X}_1$，并再次按Step1求解$\boldsymbol{B}_f$，记为$\boldsymbol{B}_{f1}$；以此类推，可求得$\boldsymbol{X}_i$和$\boldsymbol{B}_{fi}$。

Step3：满足$\mathrm{norm}(X_i - X_{i-1}, 2) < \zeta$时，计算结束，$\boldsymbol{X}_i$即为全部未知量的解。此次计算$\zeta$取0.01。

7.2.7 数值计算与结果分析

1. 计算参数选取

机构结构参数为：运动平台参数 $a=d=0.2$ m；固定平台参数 $b=0.5$ m，$c=0.3$ m；运动平台 m_d、缸筒 m_t 和活塞杆 m_g 质量分别为24.96 kg、4.008 kg和18.526 kg；支链伸缩范围为1～1.4 m；r_g和r_t均为0.375 m；r_{c1}和r_{c3}均为0.25 m；μ_c取0.05。缸筒的惯性张量为

$$\boldsymbol{I}_t = \begin{pmatrix} 0.004 & 0 & 0 \\ 0 & 0.197 & 0 \\ 0 & 0 & 0.197 \end{pmatrix}$$

活塞杆的惯性张量为

$$\boldsymbol{I}_g=\begin{pmatrix}0.009 & 0 & 0\\ 0 & 0.873 & 0\\ 0 & 0 & 0.873\end{pmatrix}$$

运动平台的惯性张量为

$$\boldsymbol{I}_d=\begin{pmatrix}0.334 & 0 & 0\\ 0 & 0.334 & 0\\ 0 & 0 & 0.666\end{pmatrix}$$

从动支链各构件的质量 $m_c = 4.333$ kg，惯性张量为

$$\boldsymbol{I}_c=\begin{pmatrix}0.242 & 0 & 0\\ 0 & 0.242 & 0\\ 0 & 0 & 0.005\end{pmatrix}$$

各支链运动轨迹采用两种路径，路径的初始位置和终止位置相同，但路径不同。

（1）匀速运动轨迹。

各支链以不同的速率匀速运动，初始长度为 $l_{10} = 1.2409$ m、$l_{20} = 1.2080$ m、$l_{30} = 1.2408$ m、$l_{40} = 1.2752$ m，考虑奇异点、工作空间和性能评价指标等因素，轨迹方程为

$$\begin{cases} l_1 = 1.2409 + 0.0018t \\ l_2 = 1.2080 + 0.002t \\ l_3 = 1.2408 + 0.0017t \\ l_4 = 1.2752 + 0.0016t \end{cases} \quad t \in [0,10] \tag{7-40}$$

（2）三次多项式轨迹。

为了保证机构中运动副的平稳运动，考虑运动平台在初始时刻 $t_0 = 0$ 和终止时刻 $t_f = 10$ 时，支链运动速度均为 0。运动方程记为

$$l(t) = s_0 + s_1 t + s_2 t^2 + s_3 t^3 \quad t \in [0,10]$$

终止位置由轨迹方程式（7-40）可得，支链终止时刻长度为 $l_{1f} =$

1.2589 m、l_{2f}= 1.2280 m、l_{3f}= 1.2578 m、l_{4f}= 1.2912 m。根据上述边界条件，支链方程满足

$$\begin{cases} l(t_0) = s_0 \\ l(t_f) = s_0 + s_1 t_f + s_2 t_f^2 + s_3 t_f^3 \\ 0 = s_1 \\ 0 = s_1 + 2s_2 t_f + 3s_3 t_f^2 \end{cases}$$

由已知条件可得各支链运动轨迹为

$$\begin{cases} l_1 = 1.2409 + 0.000\,54t^2 - 0.000\,036t^3 \\ l_2 = 1.2080 + 0.0006t^2 - 0.000\,04t^3 \\ l_3 = 1.2408 + 0.000\,51t^2 - 0.000\,034t^3 \\ l_4 = 1.2752 + 0.000\,48t^2 - 0.000\,032t^3 \end{cases} \tag{7-41}$$

根据运动平台的位置参数，机构各构件的运动学参数（位置、速度和加速度）即确定。

2. 计算结果与分析

对 $4U_{xy}P_{xyz}^{D}S/P_xP_yP_zR_z$ 并联机构进行动力学计算，各驱动支链的驱动力如图 7-6 所示。图 7-6 中四条曲线分别表示两种不同轨迹下的含摩擦和不含摩擦的支链驱动力。

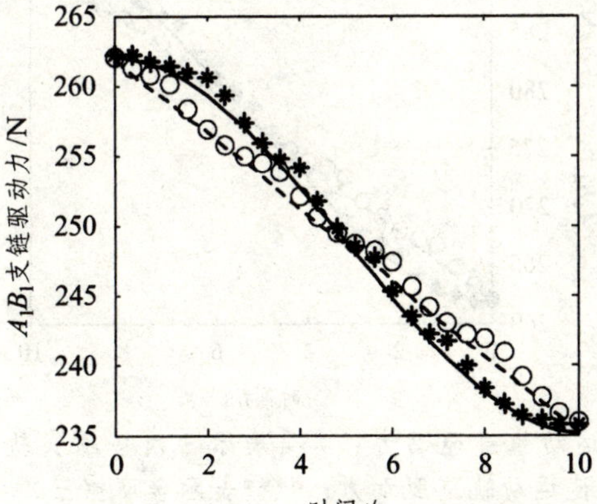

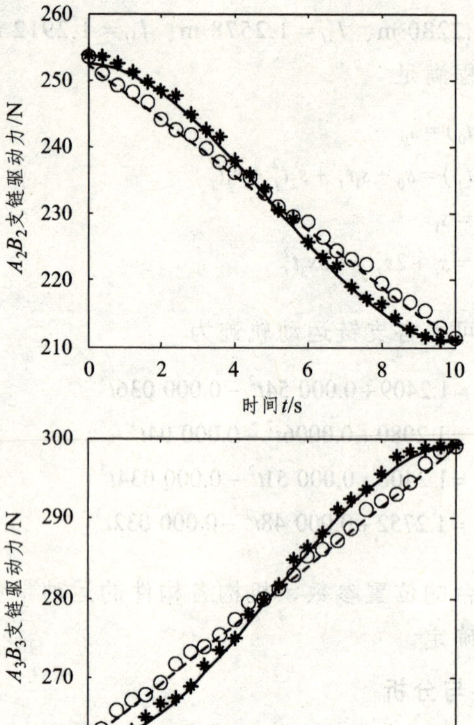

----表示匀速运动轨迹驱动力；——表示三次多项式轨迹驱动力；
oooo 表示含摩擦匀速运动轨迹驱动力；****表示含摩擦三次多项式轨迹驱动力

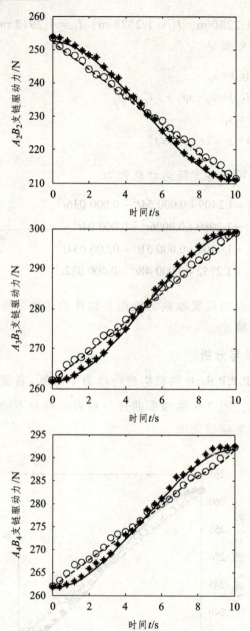

图 7-6　支链驱动力

在机构的整个运动过程中，A_1B_1 和 A_2B_2 支链的驱动力逐渐减小，A_3B_3 和 A_4B_4 支链的驱动力逐渐增大。在运动的起始阶段和终止阶段摩擦对驱动力略有影响，稳态运动时摩擦对驱动力影响不明显。驱动支链为匀速运动轨迹时，支链驱动力基本呈线性变化；驱动支链为三次多项式运动轨迹时，支链驱动力呈非线性变化。S 副在机构运动过程中的约束反力如图 7-7 所示。

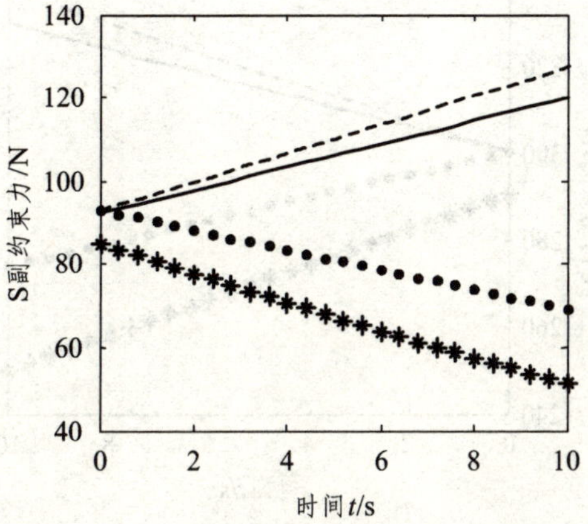

（a）线性轨迹

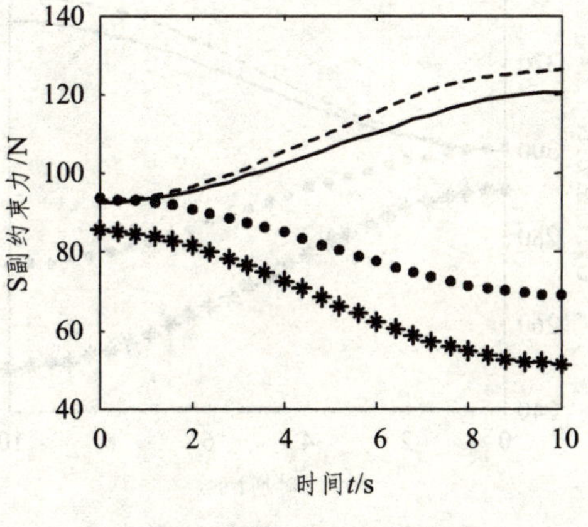

（b）三次多项式轨迹

··· 表示 A_1B_1 支链 S 副约束力大小；****表示 A_2B_2 支链 S 副约束力大小；
----表示 A_3B_3 支链 S 副约束力大小；——表示 A_4B_4 支链 S 副约束力大小

图 7-7　S 副约束反力

随着支链的运动，A_1B_1 和 A_2B_2 支链的 S 副约束反力逐渐减小，A_3B_3 和 A_4B_4 支链的 S 副约束反力逐渐增大。A_3B_3 的 S 副约束反力始终最大，A_2B_2 的 S 副约束反力始终最小。与驱动力变化趋势相似，支链为线性运动轨迹时，S 副约束反力呈线性变化；三次样条运动轨迹时，S 副约束反力为非线性变化曲线。U 副约束反力如图 7-8 所示。

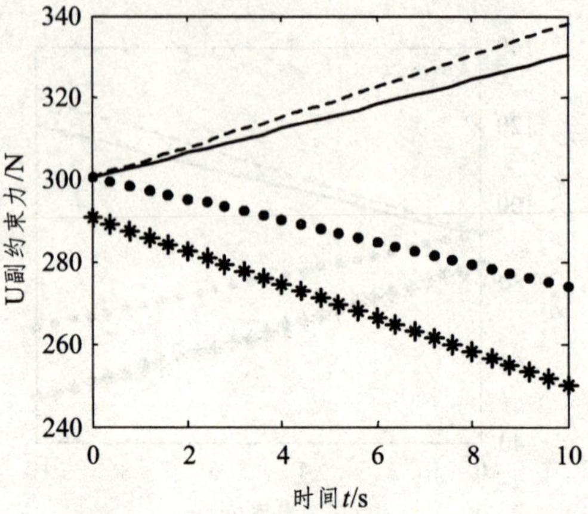

（a）线性轨迹

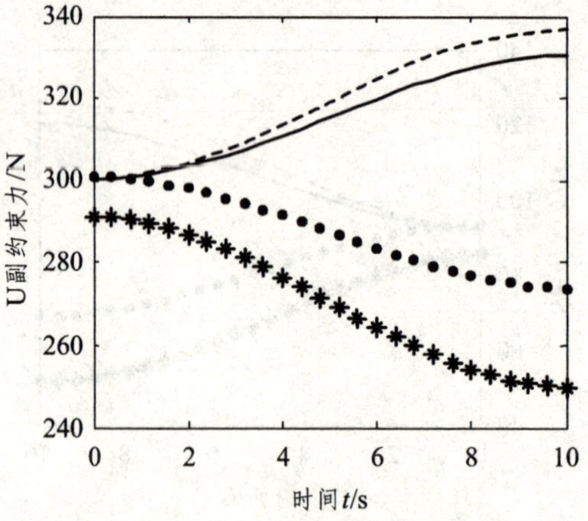

（b）三次多项式轨迹

···· 表示 A_1B_1 支链 U 副约束力大小；**** 表示 A_2B_2 支链 U 副约束力大小；
---- 表示 A_3B_3 支链 U 副约束力大小；—— 表示 A_4B_4 支链 U 副约束力大小

图 7-8　U 副约束反力

U 副约束反力变化趋势与 S 副约束反力变化趋势基本一致。亦存在 A_3B_3 支链的 U 副约束反力始终最大，A_2B_2 支链的 S 副约束反力始终最小的特点。根据计算结果可以发现，同一轨迹下，在同一时刻，U 副约束反力大于 S 副约束反力。U 副的约束力偶很小，近似为 0。

经计算发现，与 4-$U_{xy}P_{xyz}^{D}S/P_xP_yP_zR_z$ 并联机构相比，4-$SP_{xyz}^{D}S/P_xP_yP_zR_z$ 并联机构各运动副约束反力/力偶和驱动力在同一运动轨迹条件下，在同一时刻几乎相等。

7.3 $2T_{xz}2R_{xz}$四自由度并联机构动力学分析

根据第 2 章可知，$2T_{xz}2R_{xz}$ 四自由度并联机构可以有 4-$U_{xz}P_{xyz}^{D}U_{xz}$ /P_xP_zS、4-$SP_{xyz}^{D}S/P_xP_zU_{xz}$ 和 4-$U_{xy}P_{xyz}^{D}S/P_xP_zU_{xz}$ 几种，其中 4-$U_{xz}P_{xyz}^{D}U_{xz}$ /P_xP_zS 并联机构为驱动支链+从动支链约束机构，后两种构型均为从动支链约束机构。上述构型中，含 UPU 支链的机构为过约束机构，不再讨论。本节分析 4-$U_{xy}P_{xyz}^{D}S/P_xP_zU_{xz}$ 和 4-$SP_{xyz}^{D}S/P_xP_zU_{xz}$ 并联机构各构件受力情况，建立机构动力学方程，并求解机构的运动副约束反力/力偶和支链的驱动力。

7.3.1 $2T_{xz}2R_{xz}$四自由度并联机构运动分析

1. 位置分析

运动平台位姿由动坐标系相对于固定坐标系的广义坐标表示：

$$\boldsymbol{X}=\begin{pmatrix}\boldsymbol{c}\\ \boldsymbol{\varphi}\end{pmatrix} \tag{7-42}$$

其中

$$\boldsymbol{c}=(x \quad 0 \quad z)^{\mathrm{T}}$$

$$\boldsymbol{\varphi}=(\alpha \quad 0 \quad \gamma)^{\mathrm{T}}$$

动坐标系$\{O'\}$到惯性坐标系$\{O\}$的旋转变换矩阵为 $\boldsymbol{T}_z\boldsymbol{T}_x$（见第 3 章）。

设运动平台各顶点在动坐标系$\{O'\}$下坐标值为$(A'_{ix}, A'_{iy}, A'_{iz})$，在惯性坐标系$\{O\}$中的坐标值为$(A_{ix}, A_{iy}, A_{iz})$；在惯性坐标系$\{O\}$下的固定平台各顶点坐标为$(B_{ix}, B_{iy}, B_{iz})(i=1,2,\cdots,4)$，则

$$\boldsymbol{A}_i = \boldsymbol{T}_z\boldsymbol{T}_x\boldsymbol{A}'_i + \boldsymbol{c} \quad (i=1,2,\cdots,4) \tag{7-43}$$

支链 i 的矢量表示为

$$\boldsymbol{l}_i = \boldsymbol{A}_i - \boldsymbol{B}_i \tag{7-44}$$

长度为

$$l_i = \left|\boldsymbol{A}_i - \boldsymbol{B}_i\right| \tag{7-45}$$

2. 速度分析

运动平台的广义位姿速度可表示为

$$\dot{\boldsymbol{X}} = \begin{pmatrix} \dot{\boldsymbol{c}} \\ \dot{\boldsymbol{\varphi}} \end{pmatrix} = (\dot{x} \quad 0 \quad \dot{z} \quad \dot{\alpha} \quad 0 \quad \dot{\gamma})^{\mathrm{T}} \tag{7-46}$$

根据第 6 章内容可知，运动平台角速度$\boldsymbol{\omega}$为

$$\boldsymbol{\omega} = \begin{pmatrix} \dot{\gamma} c_{\alpha} \\ \dot{\gamma} s_{\alpha} \\ \dot{\alpha} \end{pmatrix} \tag{7-47}$$

上平台各铰点在$\{O\}$坐标系下的速度为

$$\boldsymbol{v}_{Ai} = \dot{\boldsymbol{c}} + \boldsymbol{\omega}(\boldsymbol{T}_z\boldsymbol{T}_x\boldsymbol{A}'_i) \tag{7-48}$$

由式（7-44）可得，输入速度为

$$\dot{\boldsymbol{l}}_i = \dot{l}_i \boldsymbol{e}_{ni} \tag{7-49}$$

驱动杆伸缩速率为

$$\dot{l}_i = \begin{pmatrix} \dfrac{\partial l}{\partial x} & \dfrac{\partial l}{\partial z} & \dfrac{\partial l}{\partial \gamma} & \dfrac{\partial l}{\partial \alpha} \end{pmatrix} \begin{pmatrix} \dot{x} \\ \dot{z} \\ \dot{\gamma} \\ \dot{\alpha} \end{pmatrix} \tag{7-50}$$

$\boldsymbol{e}_{ni}$为第 i 条驱动杆伸缩的单位方向矢量，其中

$$\boldsymbol{e}_{ni}=\frac{\boldsymbol{l}_i}{l_i}=(e_{nix}\quad e_{niy}\quad e_{niz})^{\mathrm{T}} \tag{7-51}$$

支链由缸筒和活塞杆组成，各构件运动包括空间转动和移动，活塞杆质心速度为

$$\boldsymbol{v}_{gi}=\dot{\boldsymbol{l}}_i+\boldsymbol{\omega}_{li}(l_i-r_g) \tag{7-52}$$

其中

$$\boldsymbol{\omega}_{li}=\frac{\boldsymbol{v}_{Ai}-\dot{\boldsymbol{l}}_i}{l_i} \tag{7-53}$$

缸筒的质心速度为

$$\boldsymbol{v}_{ti}=\boldsymbol{\omega}_{li}r_t \tag{7-54}$$

3. 加速度分析

运动平台的广义位姿加速度为

$$\ddot{\boldsymbol{X}}=\begin{pmatrix}\ddot{\boldsymbol{c}}\\ \ddot{\boldsymbol{\varphi}}\end{pmatrix}=(\ddot{x}\quad 0\quad \ddot{z}\quad \ddot{\alpha}\quad 0\quad \ddot{\gamma})^{\mathrm{T}} \tag{7-55}$$

支链的角加速度为

$$\boldsymbol{\varepsilon}_{li}=\dot{\boldsymbol{\omega}}_{li} \tag{7-56}$$

活塞杆质心的加速度为

$$\boldsymbol{a}_{gi}=\dot{\boldsymbol{v}}_{gi}=\ddot{\boldsymbol{l}}_i+\boldsymbol{\varepsilon}_{li}(l_i-r_g) \tag{7-57}$$

缸筒质心的加速度为

$$\boldsymbol{a}_{ti}=\dot{\boldsymbol{v}}_{ti}=\boldsymbol{\varepsilon}_{li}r_t \tag{7-58}$$

7.3.2 $4SP_{xyz}^{D}S/P_xP_zU_{xz}$ 并联机构主动力和约束反力/力偶分析

$4SP_{xyz}^{D}S/P_xP_zU_{xz}$ 并联机构的 SPS 支链结构为含局部自由度机构，属从动支链约束机构。从动支链约束了运动平台的一个转动和一个移动自由度，SPS 支链受力分析如图 7-1 所示，从动支链示力图如图 7-9 所示。

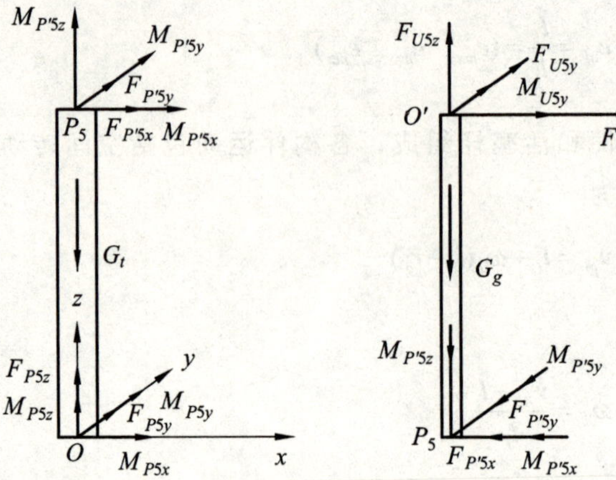

图 7-9　PPU 支链示力图

缸筒 OP_5 在 O 处受到的 P 副约束反力为 F_{P5y} 和 F_{P5z}，约束力偶为 M_{P5x}、M_{P5y} 和 M_{P5z}；在 P_5 处受到的 P 副约束反力为 $F_{P'5x}$ 和 $F_{P'5y}$，约束力偶为 $M_{P'5x}$、$M_{P'5y}$ 和 $M_{P'5z}$。活塞杆 P_5O' 在 P_5 处受到的 P 副约束反力为 $F_{P'5x}$ 和 $F_{P'5y}$，约束力偶为 $M_{P'5x}$、$M_{P'5y}$ 和 $M_{P'5z}$；在 O' 处受到的 U 副约束反力为 F_{U5x}、F_{U5y} 和 F_{U5z}，约束力偶为 M_{U5y}。

运动平台受到运动副约束反力同与其相连的支链受到的运动副约束反力大小相等，方向相反。同时，还受自身重力的作用，示力图如图 7-10 所示。

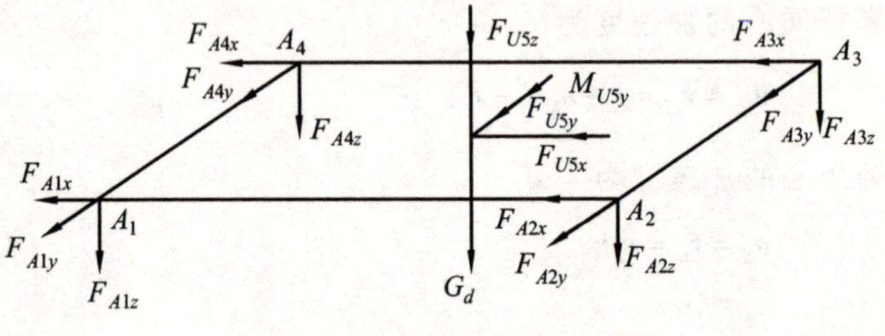

图 7-10　运动平台示力图

7.3.3　4-$SP^D_{xyz}S/P_xP_zU_{xz}$ 并联机构动力学方程

利用 N-E 法建立含驱动摩擦的机构动力学方程。在图 7-1 所示的坐标系$\{B_i\}$下，建立驱动支链缸筒和活塞杆的平衡方程如式（7-17）和（7-20）。每条驱动支链的P副还存在一个补充方程如式（7-23）。

从动支链OP_5构件在$\{O\}$坐标系下的平衡方程为

$$\begin{cases} {}^{O}\boldsymbol{F}_{P'5}+{}^{O}\boldsymbol{F}_{P5}+{}^{O}\boldsymbol{G}_{t}+{}^{O}\boldsymbol{F}_{t5}=0 \\ {}^{O}\boldsymbol{M}_{P'5}+{}^{O}\boldsymbol{M}_{P5}+(x\quad 0\quad z-2r_g)\times{}^{O}\boldsymbol{F}_{P'5}+{}^{O}\boldsymbol{M}_{t5}=0 \end{cases} \tag{7-59}$$

式中 ${}^{O}F_{P'5}$——P_5处P副的约束反力，即$(F_{P'5x}\quad F_{P'5y}\quad 0)^{\mathrm{T}}$；

${}^{O}F_{P5}$——O点处P副的约束反力，即$(0\quad F_{P5y}\quad F_{P5z})^{\mathrm{T}}$；

${}^{O}M_{P'5}$——P_5处P副的约束力偶，即$(M_{P'5x}\quad M_{P'5y}\quad M_{P'5z})^{\mathrm{T}}$；

${}^{O}M_{P5}$——O处P副的约束力偶，即$(M_{P5x}\quad M_{P5y}\quad M_{P5z})^{\mathrm{T}}$；

${}^{O}\boldsymbol{F}_{t5}$——$OP_5$构件的惯性力，即

$${}^{O}\boldsymbol{F}_{t5}=-m_t(\ddot{x}\quad 0\quad 0)^{\mathrm{T}}$$

${}^{O}\boldsymbol{M}_{t5}$——$OP_5$构件的惯性力矩，即

$${}^{O}\boldsymbol{M}_{t5}=0$$

${}^{O}\boldsymbol{G}_{t}$——缸筒的重力，矢量表示为$(0\quad 0\quad -m_t g)$。

从动支链$O'P_5$构件在$\{O\}$坐标系下的平衡方程为

$$\begin{cases} -{}^{O}\boldsymbol{F}_{P'5}+{}^{O}\boldsymbol{F}_{U5}+{}^{O}\boldsymbol{G}_{g}+{}^{O}\boldsymbol{F}_{g5}=0 \\ -{}^{O}\boldsymbol{M}_{P'5}+{}^{O}\boldsymbol{M}_{U5}+\boldsymbol{l}_5\times{}^{O}\boldsymbol{F}_{U5}+{}^{O}\boldsymbol{M}_{g5}=0 \end{cases} \tag{7-60}$$

式中 ${}^{O}\boldsymbol{F}_{U5}$——$O'$处U副的约束反力，矢量表示为$(F_{U5x}\quad F_{U5y}\quad F_{U5z})^{\mathrm{T}}$；

${}^{O}\boldsymbol{M}_{U5}$——$O'$处U副的约束力偶，矢量表示为$(0\quad M_{U5y}\quad 0)^{\mathrm{T}}$；

${}^{O}\boldsymbol{F}_{g5}$——从动支链$O'P_5$构件的惯性力，即

$${}^{O}\boldsymbol{F}_{g5}=-m_g(0\quad 0\quad \ddot{z})^{\mathrm{T}}$$

${}^{O}\boldsymbol{M}_{g5}$——从动支链$O'P_5$构件的惯性力矩，即

$${}^{O}\boldsymbol{M}_{g5}=0$$

运动平台在$\{O\}$坐标系下的平衡方程为

$$\begin{cases} -\sum_{i=1}^{4} {}^{O}\boldsymbol{F}_{Ai} - {}^{O}\boldsymbol{F}_{U5} + {}^{O}\boldsymbol{G}_{d} + {}^{O}\boldsymbol{F}_{d} = 0 \\ -\sum_{i=1}^{4} \boldsymbol{O'A}_{i} \times {}^{O}\boldsymbol{F}_{Ai} - {}^{O}\boldsymbol{M}_{U5} + {}^{O}\boldsymbol{M}_{d} = 0 \end{cases} \tag{7-61}$$

式中　${}^{O}\boldsymbol{F}_{Ai}$、${}^{B}\boldsymbol{F}_{Ai}$——作用力与反作用力关系，表示 S 副对运动平台的约束反力；

${}^{O}\boldsymbol{F}_{d}$——运动平台的惯性力，即

$${}^{O}\boldsymbol{F}_{d} = -m_{d}\ddot{\boldsymbol{c}}$$

${}^{O}\boldsymbol{M}_{d}$——运动平台的惯性力矩，即

$${}^{O}\boldsymbol{M}_{d} = -\boldsymbol{R}(\beta_{y},\gamma_{x})\boldsymbol{I}_{d}\boldsymbol{R}(\beta_{y},\gamma_{x})^{\mathrm{T}}\dot{\boldsymbol{\omega}} - \boldsymbol{\omega}[\boldsymbol{R}(\beta_{y},\gamma_{x})\boldsymbol{I}_{d}\boldsymbol{R}(\beta_{y},\gamma_{x})^{\mathrm{T}}\boldsymbol{\omega}]$$

机构的力/力矩平衡方程共有 70 个等式，秩为 66，说明有 4 个方程非独立，因此机构的未知量与线性无关的平衡方程数相等，属静定机构。

7.3.4　4-$U_{xy}P_{xyz}^{D}S/P_{x}P_{z}U_{xz}$ 并联机构主动力和约束反力/力偶分析

将 4-$SP_{xyz}^{D}S/P_{x}P_{z}U_{xz}$ 并联机构 B_i 处的 S 副换为 U 副，即可得到 4-$U_{xy}P_{xyz}^{D}S/P_{x}P_{z}U_{xz}$ 并联机构。与 4-$SP_{xyz}^{D}S/P_{x}P_{z}U_{xz}$ 构型相比，该构型机构在 B_i 处存在一个约束力偶 M_{Biz}。因此，机构有 70 个未知量，构件数与前述机构相同，可以写出 70 个受力平衡方程。采用 N-E 法建立含摩擦的机构动力学方程。在图 7-5 所示的坐标系$\{B_i\}$下，建立驱动支链缸筒的平衡方程式（7-36）。机构中其余构件的力/力矩平衡方程与前述相同。

驱动支链的未知力/力偶包括 4 个驱动力 F_i 和 48（12×4）个约束反力/力偶；从动支链有 14 个约束反力/力偶，共 66 个未知量。每个活动构件有 6 个平衡方程，方程数为 66 个（构件数 11×平衡方程数目 6），每个驱动支链的 P 副的约束反力还存在 1 个补充方程（共 4 个），因此机构方程数为 70 个。$\boldsymbol{f}_i$ 表示缸筒与活塞杆之间的摩擦力，大小与 F_{Pix}、F_{Piy} 和 F_{Piz} 有关，不是独立变量。机构的力/力矩平衡方程含 76 个等式，秩为 76。因此，机构的未知量与线性无关的平衡方程数相等，属静定机构。

7.3.5 数值计算与结果分析

以 4-$U_{xy}P_{xyz}^{D}S/P_xP_zU_{xz}$ 并联机构为研究对象，结构参数和运动轨迹与 7.2.7 节相同，动力学方程的求解方法与 7.2.6 节相同。支链的驱动力计算结果如图 7-11 所示。

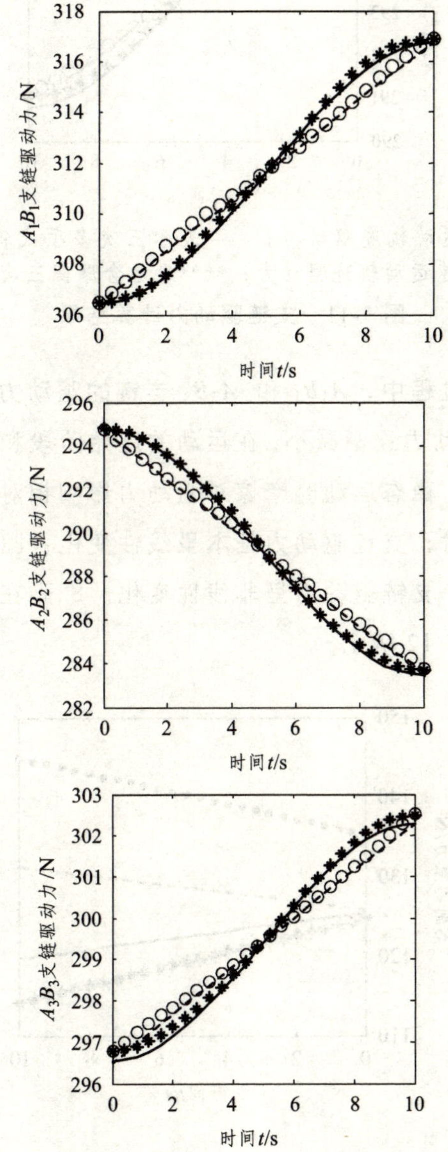

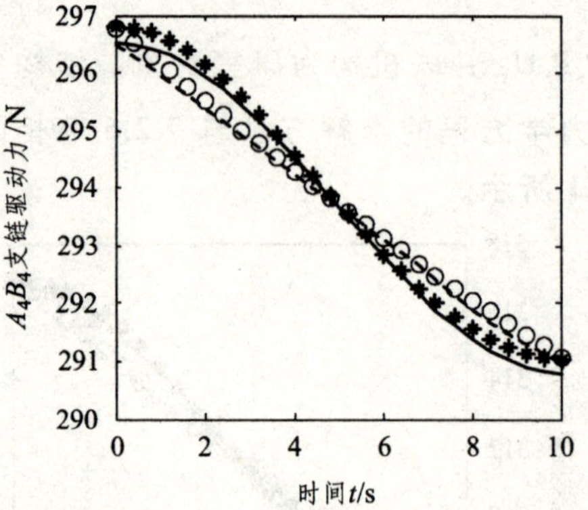

----表示匀速运动轨迹驱动力；——表示三次多项式轨迹驱动力；
oooo 表示含摩擦匀速运动轨迹驱动力；****表示含摩擦三次多项式轨迹驱动力

图 7-11　支链驱动力计算结果

机构在运动过程中，A_1B_1 和 A_3B_3 支链的驱动力逐渐增大，A_2B_2 和 A_4B_4 支链的驱动力逐渐减小。在运动的起始阶段和终止阶段摩擦对驱动力影响明显，稳态运动时摩擦对驱动力影响相对较小。驱动支链为匀速运动轨迹时，支链驱动力基本呈线性变化；驱动支链为三次多项式运动轨迹时，支链驱动力呈非线性变化。S 副在机构运动过程中的约束反力如图 7-12 所示。

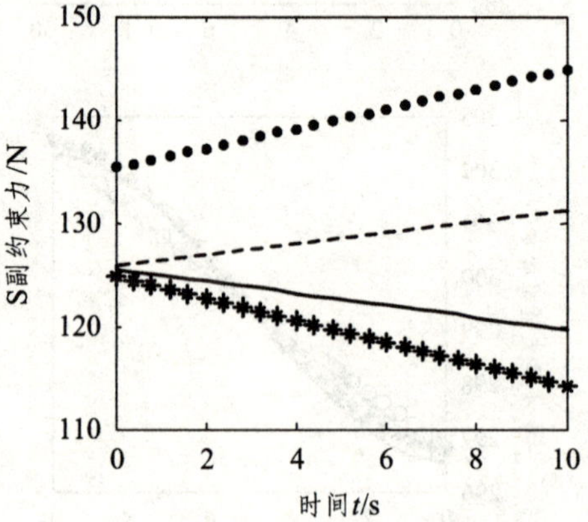

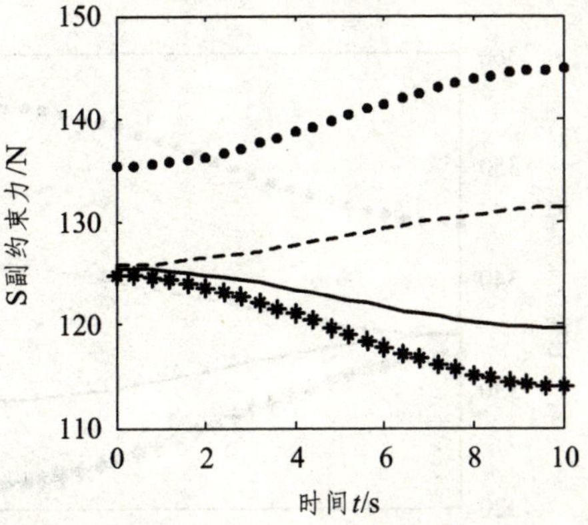

···· 表示 A_1B_1 支链 S 副约束力大小；****表示 A_2B_2 支链 S 副约束力大小；
----表示 A_3B_3 支链 S 副约束力大小；——表示 A_4B_4 支链 S 副约束力大小

图 7-12 S 副约束反力

随着支链的运动，A_1B_1 和 A_3B_3 支链的 S 副约束反力逐渐增大，A_2B_2 和 A_4B_4 支链的 S 副约束反力逐渐减小。与驱动力变化趋势相似，支链为线性运动轨迹时，S 副约束反力呈线性变化；三次样条运动轨迹时，S 副约束反力为非线性变化曲线。A_1B_1 支链的 S 副约束反力始终最大，A_2B_2 支链的 S 副约束反力始终最小。U 副约束反力如图 7-13 所示。

U 副约束反力大小变化趋势与 S 副约束反力大小变化趋势基本一致，亦存在 A_1B_1 支链的 S 副约束反力始终最大，A_2B_2 支链的 S 副约束反力始终最小的特点。根据计算结果可以发现，同一轨迹下，在同一时刻，U 副的约束反力大于 S 副约束反力。U 副的约束力偶很小，近似为 0。

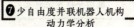

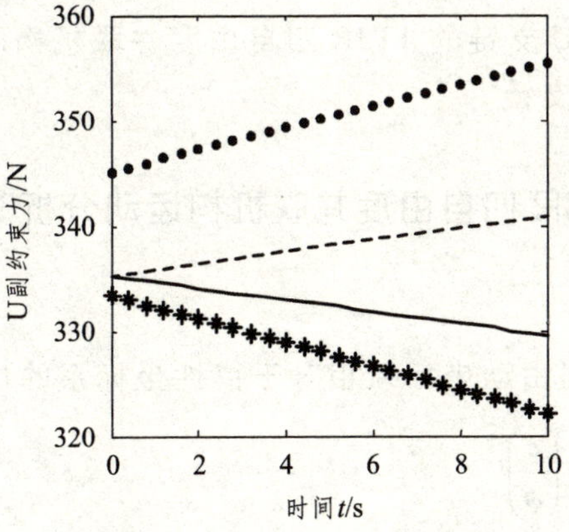

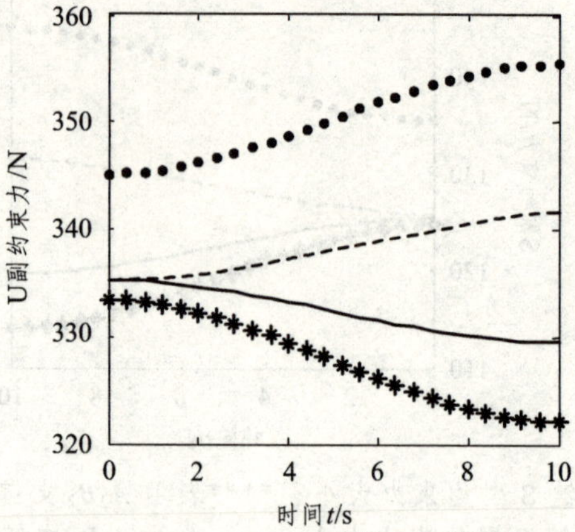

···· 表示 A_1B_1 支链 U 副约束力大小；****表示 A_2B_2 支链 U 副约束力大小；
----表示 A_3B_3 支链 U 副约束力大小；——表示 A_4B_4 支链 U 副约束力大小

图 7-13　U 副的约束反力

经计算发现，与 4-$U_{xy}P_{xyz}^{D}S/P_xP_zU_{xz}$ 并联机构相比，4-$SP_{xyz}^{D}S/P_xP_zU_{xz}$ 并联机构各运动副约束反力/力偶和驱动力在同一运动轨迹条件下，在同一时刻几乎相等。

7.4　1T$_z$3R 四自由度并联机构动力学分析

由于 UPU 支链至少存在一个约束力偶，运动平台至少失去一个转动自由度，含 UPU 支链的 1T3R 四自由度并联机构不存在，因此只能采用 UPS 和 SPS 支链。

7.4.1　1T$_z$3R 四自由度并联机构运动分析

1. 位置分析

运动平台位姿由动坐标系相对于惯性坐标系的广义坐标表示：

$$X=\begin{pmatrix} c \\ \varphi \end{pmatrix} \tag{7-62}$$

其中

$$c=(0\quad 0\quad z)^{\mathrm{T}}$$

$$\varphi=(\alpha\quad \beta\quad \gamma)^{\mathrm{T}}$$

动坐标系$\{O'\}$到惯性坐标系$\{O\}$的旋转变换矩阵为 $T_z\ T_y\ T_x$。设运动平台各顶点在动坐标系$\{O'\}$下坐标值为$(A'_{ix}, A'_{iy}, A'_{iz})$，在惯性坐标系$\{O\}$中的坐标值为$(A_{ix}, A_{iy}, A_{iz})$；在惯性坐标系$\{O\}$下的固定平台各顶点坐标为$(B_{ix}, B_{iy}, B_{iz})(i=1,2,\cdots,4)$，则

$$\boldsymbol{A}_i=\boldsymbol{T}_z\boldsymbol{T}_y\boldsymbol{T}_x\boldsymbol{A}'_i+\boldsymbol{c}\quad (i=1,\ 2,\ \cdots,\ 4) \tag{7-63}$$

支链 i 的矢量表示为

$$\boldsymbol{l}_i=\boldsymbol{A}_i-\boldsymbol{B}_i \tag{7-64}$$

长度为

$$l_i=\left|\boldsymbol{A}_i-\boldsymbol{B}_i\right| \tag{7-65}$$

2. 速度分析

运动平台的广义位姿速度可表示为

$$\dot{\boldsymbol{X}}=\begin{pmatrix}\dot{\boldsymbol{c}}\\ \dot{\boldsymbol{\varphi}}\end{pmatrix}=(0\quad 0\quad \dot{z}\quad \dot{\alpha}\quad \dot{\beta}\quad \dot{\gamma})^{\mathrm{T}} \tag{7-66}$$

根据第 6 章内容可得，运动平台角速度 $\boldsymbol{\omega}$ 为

$$\boldsymbol{\omega}=\begin{pmatrix}\dot{\gamma}c_{\alpha}c_{\beta}-\dot{\beta}s_{\alpha}\\ \dot{\gamma}s_{\alpha}c_{\beta}+\dot{\beta}c_{\alpha}\\ -\dot{\gamma}s_{\beta}+\dot{\alpha}\end{pmatrix} \tag{7-67}$$

上平台各铰点在$\{O\}$坐标系下的速度为

$$\boldsymbol{v}_{Ai}=\dot{\boldsymbol{c}}+\boldsymbol{\omega}\,(\boldsymbol{T}_z\boldsymbol{T}_y\boldsymbol{T}_x\boldsymbol{A}'_i) \tag{7-68}$$

由式（7-64）可得，输入速度为

$$\dot{\boldsymbol{l}}_i=\dot{l}_i\boldsymbol{e}_{ni} \tag{7-69}$$

驱动杆伸缩速率为

$$\dot{l}_i = \begin{pmatrix} \frac{\partial l}{\partial z} & \frac{\partial l}{\partial \gamma} & \frac{\partial l}{\partial \beta} & \frac{\partial l}{\partial \alpha} \end{pmatrix} \begin{pmatrix} \dot{z} \\ \dot{\gamma} \\ \dot{\beta} \\ \dot{\alpha} \end{pmatrix} \tag{7-70}$$

$\boldsymbol{e}_{ni}$ 为第 i 条驱动杆伸缩的单位方向矢量，其中

$$\boldsymbol{e}_{ni} = \frac{\boldsymbol{l}_i}{l_i} = (e_{nix} \quad e_{niy} \quad e_{niz})^{\mathrm{T}} \tag{7-71}$$

支链由缸筒和活塞杆组成，各构件运动包括空间转动和移动，活塞杆质心速度为

$$\boldsymbol{v}_{gi} = \dot{\boldsymbol{l}}_i + \boldsymbol{\omega}_{li}(l_i - r_g) \tag{7-72}$$

其中

$$\boldsymbol{\omega}_{li} = \frac{\boldsymbol{v}_{Ai} - \dot{\boldsymbol{l}}_i}{l_i} \tag{7-73}$$

缸筒的质心速度为

$$\boldsymbol{v}_{ti} = \boldsymbol{\omega}_{li} r_t \tag{7-74}$$

3. 加速度分析

运动平台的广义位姿加速度为

$$\ddot{\boldsymbol{X}} = \begin{pmatrix} \ddot{\boldsymbol{c}} \\ \ddot{\boldsymbol{\varphi}} \end{pmatrix} = (0 \quad 0 \quad \ddot{z} \quad \ddot{\alpha} \quad \ddot{\beta} \quad \ddot{\gamma})^{\mathrm{T}} \tag{7-75}$$

支链的角加速度为

$$\boldsymbol{\varepsilon}_{li} = \dot{\boldsymbol{\omega}}_{li} \tag{7-76}$$

活塞杆质心的加速度为

$$\boldsymbol{a}_{gi} = \dot{\boldsymbol{v}}_{gi} = \ddot{\boldsymbol{l}}_i + \boldsymbol{\varepsilon}_{li}(l_i - r_g) \tag{7-77}$$

缸筒质心的加速度为

$$\boldsymbol{a}_{ti} = \dot{\boldsymbol{v}}_{ti} = \boldsymbol{\varepsilon}_{li} r_t \tag{7-78}$$

7.4.2 4-$SP^D_{xyz}S/P_zS$ 并联机构主动力和约束反力/力偶分析

SPS 支链示力图如图 7-2 所示，PS 支链受力分析如图 7-14 所示。

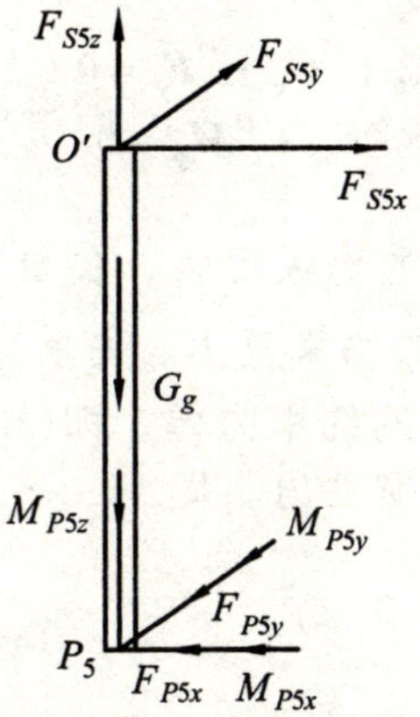

图 7-14 PS 支链示力图

构件 $O'P_5$ 在 P_5 处受到的 P 副约束反力为 F_{P5y} 和 F_{P5z}，约束力偶为 M_{P5x}、M_{P5y} 和 M_{P5z}；在 O' 处受到的 S 副约束反力为 F_{S5x}、F_{S5y} 和 F_{S5z}。

运动平台受到运动副约束反力同与其相连的支链受到的运动副约束反力大小相等，方向相反。同时，还受自身重力的作用，示力图如图 7-15 所示。

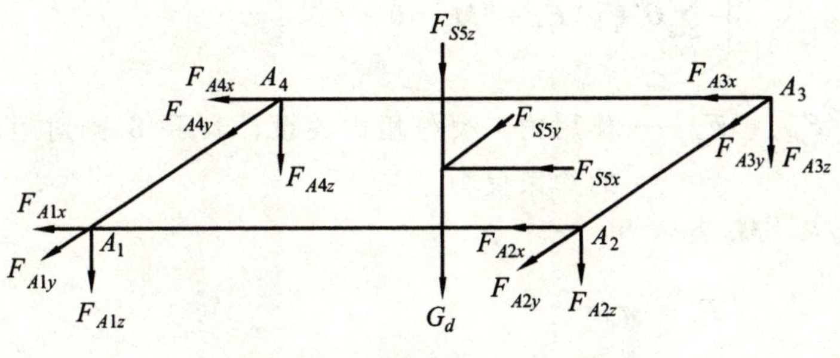

图 7-15 运动平台示力图

7.4.3 4-$SP^D_{xyz}S/P_zS$ 并联机构动力学方程

利用 N-E 法建立含驱动摩擦的机构动力学方程。在图 7-1 所示的坐标系$\{B_i\}$下，建立驱动支链缸筒和活塞杆的平衡方程如式（7-17）和（7-20）。每条驱动支链的 P 副还存在一个补充方程如式（7-23）。

从动支链的构件 $O'P_5$ 在$\{O\}$坐标系下的平衡方程为

$$\begin{cases}-{}^{O}\boldsymbol{F}_{P'5}+{}^{O}\boldsymbol{F}_{S5}+{}^{O}\boldsymbol{G}_{g}+{}^{O}\boldsymbol{F}_{g}=0\\-{}^{O}\boldsymbol{M}_{P'5}+\boldsymbol{l}_{5}\times{}^{O}\boldsymbol{F}_{S5}+{}^{O}\boldsymbol{M}_{g}=0\end{cases}\tag{7-79}$$

式中 ${}^{O}\boldsymbol{F}_{P'5}$——$P_5'$处 P 副的约束反力，矢量表示为$(F_{P'5x}\quad F_{P'5y}\quad 0)^{\mathrm{T}}$；

${}^{O}\boldsymbol{F}_{S5}$——$O'$处 S 副的约束反力，矢量表示为$(F_{S5x}\quad F_{S5y}\quad F_{S5z})^{\mathrm{T}}$；

${}^{O}\boldsymbol{M}_{P'5}$——$\mathrm{P}_5$处 P 副的约束力偶，即$(M_{P'5x}\quad M_{P'5y}\quad M_{P'5z})^{\mathrm{T}}$；

${}^{O}\boldsymbol{F}_{g}$——构件 $O'P_5$ 的惯性力，即

$${}^{O}\boldsymbol{F}_{g}=-m_{g}(0\quad 0\quad \ddot{z})^{\mathrm{T}}$$

${}^{O}M_{g}$——构件 $O'P_5$ 的惯性力矩，即

$${}^{O}\boldsymbol{M}_{g}=0$$

运动平台在$\{O\}$坐标系下的平衡方程为

$$\begin{cases}-\sum_{i=1}^{4}{}^{O}\boldsymbol{F}_{Ai}-{}^{O}\boldsymbol{F}_{S5}+{}^{O}\boldsymbol{G}_{d}+{}^{O}\boldsymbol{F}_{d}=0\\-\sum_{i=1}^{4}\boldsymbol{O'A}_{i}\times{}^{O}\boldsymbol{F}_{Ai}+{}^{O}\boldsymbol{M}_{d}=0\end{cases}\tag{7-80}$$

式中 ${}^{O}\boldsymbol{F}_{Ai}$、${}^{B}\boldsymbol{F}_{Ai}$——作用力与反作用力关系，表示 S 副对运动平台的约束反力。

${}^{O}\boldsymbol{F}_{d}$和${}^{O}\boldsymbol{M}_{d}$表示为

$${}^{O}\boldsymbol{F}_{d}=-m_{d}\ddot{\boldsymbol{c}}$$

$${}^{O}\boldsymbol{M}_{d}=-\boldsymbol{R}(\beta_y,\gamma_x)\boldsymbol{I}_{d}\boldsymbol{R}(\beta_y,\gamma_x)^{\mathrm{T}}\dot{\boldsymbol{\omega}}-\boldsymbol{\omega}[\boldsymbol{R}(\beta_y,\gamma_x)\boldsymbol{I}_{d}\boldsymbol{R}(\beta_y,\gamma_x)^{\mathrm{T}}\boldsymbol{\omega}]$$

4-$\mathrm{SP}_{xyz}^{\mathrm{D}}\mathrm{S/P}_z\mathrm{S}$并联机构动力学方程共有 64 个等式方程，秩为 60，说明有 4 个方程非独立，因此机构的未知量与线性无关的平衡方程数相等，属静定机构。

7.4.4 4-$U_{xy}P^{D}_{xyz}S/P_{z}S$并联机构主动力和约束反力/力偶分析

将B_i处的S副换为U副，即可得到4-$U_{xy}P^{D}_{xyz}S/P_{z}S$机构。与4-$SP^{D}_{xyz}S/P_{z}S$相比，该构型机构在$B_i$处存在一个约束力偶$M_{Biz}$。因此，机构有64个未知量，构件数与前述机构相同，可以写出64个力/力矩平衡方程。采用N-E法建立含摩擦的机构动力学方程。在图7-6所示的坐标系{B_i}下建立驱动支链的平衡方程。机构中其余构件的力/力矩平衡方程与前述相同。

驱动支链的未知力/力偶包括4个驱动力F_i和48（12×4）个约束反力/力偶；从动支链有8个约束反力/力偶，共60个未知量。每个活动构件有6个平衡方程，方程数为60个(构件数10×平衡方程数目6)，每个驱动支链的P副的约束反力还存在1个补充方程（共4个），因此机构方程数为 64 个。f_i表示缸筒与活塞杆之间的摩擦力，大小与F_{Pix}、F_{Piy}和F_{Piz}有关，不是独立变量。驱动支链、从动支链和运动平台的平衡方程共有64个等式，均线性无关。因此，机构的未知量与线性无关的平衡方程数相等，属静定机构。

7.4.5 数值计算与结果分析

以4-$U_{xy}P^{D}_{xyz}S/P_{z}S$并联机构为研究对象，结构参数和运动轨迹与7.2.7节相同，动力学方程的求解方法与7.2.6节相同。支链的驱动力计算结果如图7-16所示。

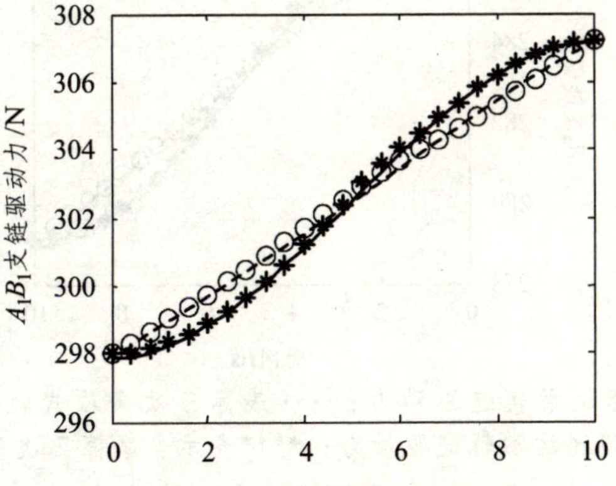

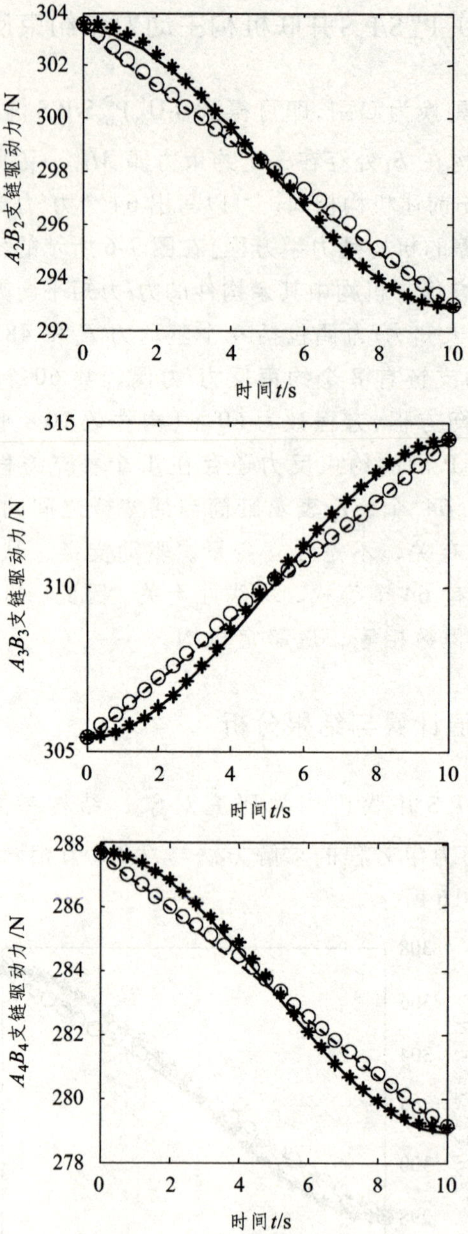

----表示匀速运动轨迹驱动力；···· 表示三次多项式轨迹驱动力；

oooo 表示含摩擦匀速运动轨迹驱动力；****表示含摩擦三次多项式轨迹驱动力

图 7-16　支链驱动力计算结果

机构在运动过程中，A_1B_1 和 A_3B_3 支链的驱动力逐渐增大，A_2B_2 和 A_4B_4 支链的驱动力逐渐减小。在运动的起始阶段和终止阶段摩擦对驱动力影响明显，稳态运动时摩擦对驱动力影响相对较小。驱动支链为匀速运动轨迹时，支链驱动力基本呈线性变化；驱动支链为三次多项式运动轨迹时，支链驱动力呈非线性变化。S 副在机构运动过程中的约束反力如图 7-17 所示。

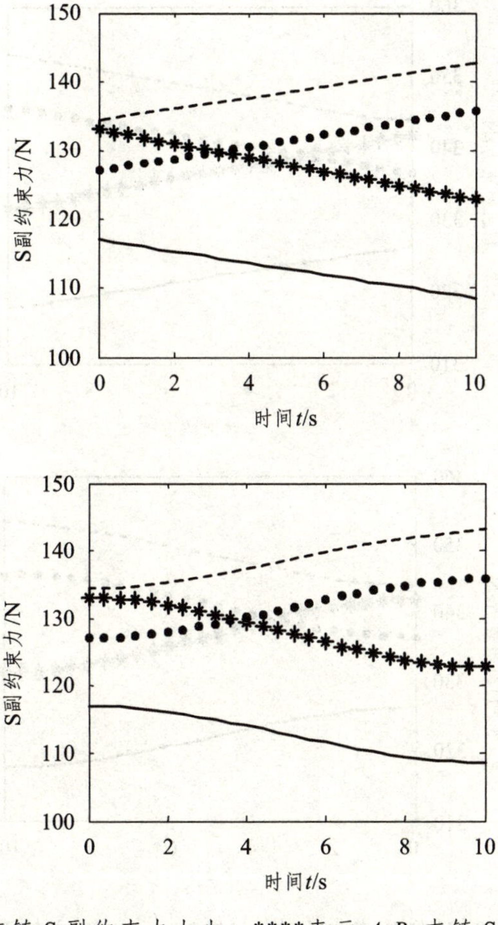

···· 表示 A_1B_1 支链 S 副约束力大小；****表示 A_2B_2 支链 S 副约束力大小；
----表示 A_3B_3 支链 S 副约束力大小；——表示 A_4B_4 支链 S 副约束力大小

图 7-17　S 副约束反力

随着支链的运动，A_1B_1 和 A_3B_3 支链的 S 副约束反力逐渐增大，A_2B_2 和 A_4B_4 支链的 S 副约束反力逐渐减小。与驱动力变化趋势相似，支链为线性运动轨迹时，S 副约束反力呈线性变化；三次样条运动轨迹时，S 副约束反力为非线性变化曲线。A_3B_3 支链的 S 副约束反力始终最大，A_4B_4 支链的 S 副约束反力始终最小。机构运动初期，A_2B_2 支链 S 副约束反力大于 A_1B_1 支链 S 副约束反力，约 3 s 后，A_1B_1 支链的 S 副约束反力大于 A_2B_2 支链 S 副约束反力。U 副约束反力如图 7-18 所示。

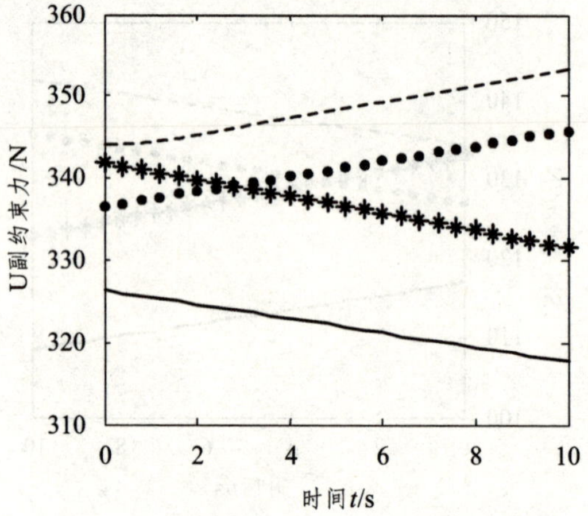

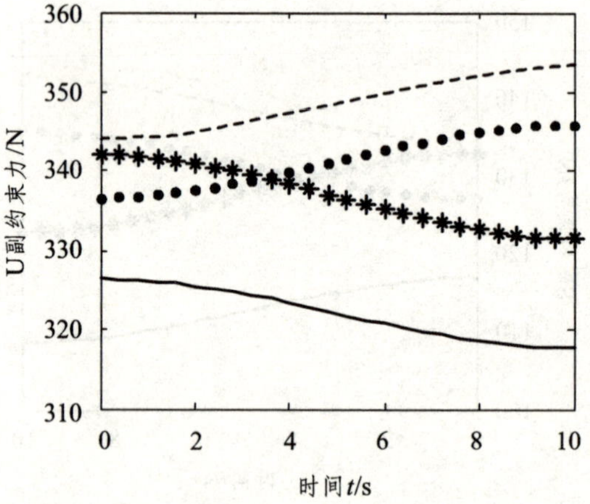

···· 表示 A_1B_1 支链 U 副约束力大小；****表示 A_2B_2 支链 U 副约束力大小；
----表示 A_3B_3 支链 U 副约束力大小；——表示 A_4B_4 支链 U 副约束力大小

图 7-18　U 副约束反力

U副约束反力大小变化趋势与S副约束反力大小变化趋势基本一致。亦存在 A_1B_1 支链的S副约束反力始终最大，A_2B_2 支链的S副约束反力始终最小的特点。根据计算结果可以发现，同一轨迹下，在同一时刻，U副的约束反力大于S副约束反力。U副的约束力偶很小，近似为0。

经计算发现，与 $4\text{-}U_{xy}P_{xyz}^{D}S/P_{z}S$ 并联机构相比，$4\text{-}SP_{xyz}^{D}S/P_{z}S$ 并联机构各运动副约束反力/力偶和驱动力在同一运动轨迹条件下，在同一时刻几乎相等。

7.5 本章小结

本章根据第6章的分析结果，得到了 $3T1R_z$、$2T_{xz}2R_{xz}$ 和 $1T_z3R$ 四自由度并联机构各构件的运动规律，并对机构各构件进行了受力分析。具体工作和结论如下：

（1）根据N-E法建立了含摩擦的4-UPS/SPS并联机构的动力学方程，给出了含摩擦的动力学方程计算方法。在给定输入运动规律的条件下，得到了机构各支链驱动力和所有运动副约束反力及约束力偶的全部信息。

（2）驱动支链输入为线性轨迹时，约束反力和驱动力变化基本呈线性；输入为三次多项式轨迹时，约束反力和驱动力变化为高次曲线，说明机构的运动副约束反力和驱动力变化趋势与输入运动关系密切。

（3）UPS支链比SPS支链多一个约束力偶，经计算发现，这个约束力偶基本没有影响构件受力。

8 少自由度并联机器人机构运动学和动力学仿真分析

8.1 概 述

近年来，国内外学者在并联机构构型综合方面的研究越来越深入，综合出了大量新型并联机构构型。由于并联机构的运动学和动力学研究较为复杂，逐一研究这些新型机构需耗费大量的时间和精力，工作量庞大。随着计算机硬件和仿真软件技术的飞速发展，运用计算机对不同构型的并联机构进行运动学和动力学仿真越来越受到广大研究人员的青睐。目前，对空间并联机构进行几何建模，并能进行简单运动学仿真的软件有 SolidWorks 和 Pro/E 等。一般而言，此类仿真可以得到简单的运动学关系，而很难对机构进行实时控制和人机交互，存在不易扩充和通用性差等不足。ADAMS 软件可以对机构的运动学和动力学进行仿真计算，是一种使用较为普遍的仿真软件。

SimMechanics 是 Matlab 软件中 Simulink 工具箱的一个重要模块集。Simulink 工具箱可以对各种机械和电子等动态系统（连续系统、离散系统和混合系统）进行建模、仿真及实时控制，且包含大量的标准模块。与 ADAMS 软件相比，SimMechanics 的仿真模型建立复杂，ADAMS 可以通过自身的模块建立仿真模型，也可以通过 Pro/E 等软件导入仿真模型；而 SimMechanics 需要确定模型的初始位置，通过定义与运动副连接的各构件初始位置建立仿真模型，不易对模型进行修改。但 SimMechanics 的输入可以调用 M 文件实现，可以方便地完成各种输入路径的编写，同时还可以更加便利地观察不同输入对机构构件受力的影响。由于 SimMechanics 是 Simulink 的一个模块，采用

SimMechanics 建模还有利于与 Simulink 的控制系统方便结合。

SimMechanics 可以对多体刚性机构进行动力学计算和控制，该模块提供了大量的机构元件，包括刚体（Bodies）、运动副（Joints）、约束和驱动（Constraints and Drivers）、作动器和传感器（Actuators and Sensors），利用这些单个模块可以以自底向上的方式建立复杂的机械系统结构图，仿真后还可生成空间模拟图，能直观地观察到运动轨迹。本章采用 SimMechanics 对不同构型的并联机构进行仿真，验证前述章节理论计算的正确性。

8.2 仿真模型的建立

8.2.1 建立底层模块

1. 固定平台的建立

固定平台采用地面（Ground）模块，需要设置在世界坐标系下的位置坐标，还可以选择是否需要机械环境接口，如图 8-1 所示。图中的位置表示固定平台 B_1 点的位置坐标，其余铰点类似。

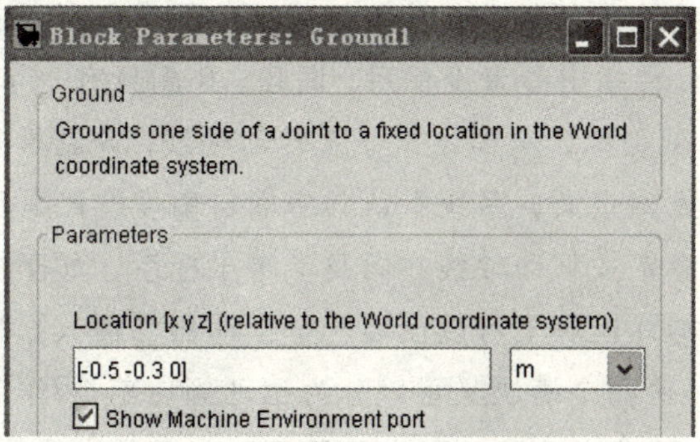

图 8-1　固定平台 B_1 点模块

2. 刚性构件的建立

并联机构的运动平台和支链的构件均属于刚性构件，采用 Body 模块建立，并设置相关参数。模块参数设置对话框如图 8-2 所示。

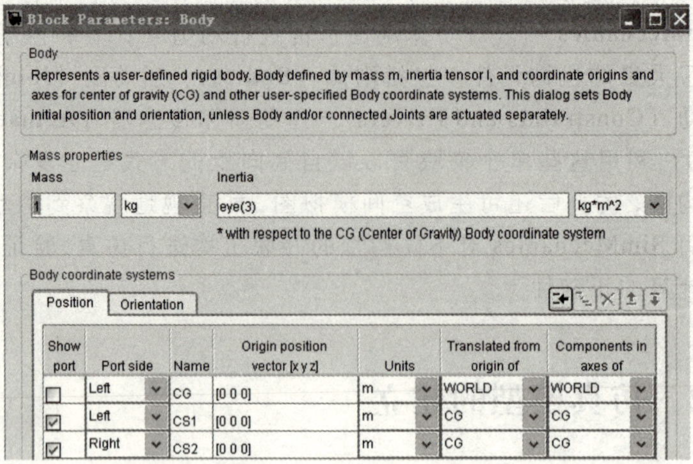

图 8-2　构件模块

刚体需设定质量属性，包括构件支链和运动平台的质量及转动惯量，同时还需设定刚体的各端点和重心相对于指定坐标系的坐标值及方位角。

3. 运动副的建立

U 副具有 2 个空间转动自由度，模块如图 8-3 所示。该运动副需定义转动轴线，并指出参考坐标系。同理，R 副只有一个转动自由度，设置方式与 U 副类似，只需定义一个转动轴线。S 副具有 3 个转动自由度，该模块无须定义，系统默认其空间自由度。P 副具有 1 个空间移动自由度，需定义移动轴线方向及参考坐标系，如图 8-4 所示。

运动副和构件模块上可以设置一个作动器（输入）和多个传感器（输出）接口。这两个模块又可以分为运动副传感器/作动器模块和刚体传感器/作动器模块。运动副作动器可以指定输入为力/力矩或运动规律，刚体作动器输入只能为力/力矩；运动副传感器的输出可以包括位置/角度、速度/角速度、加速度/角加速度和力/力矩，刚体传感器的输出为位置、速度/角速度和加速度/角加速度信息。输入输出需指定参考坐标系和单位。

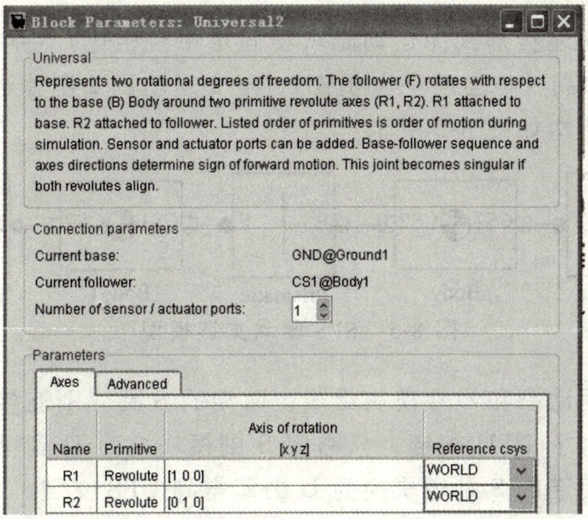

图 8-3　U 副模块

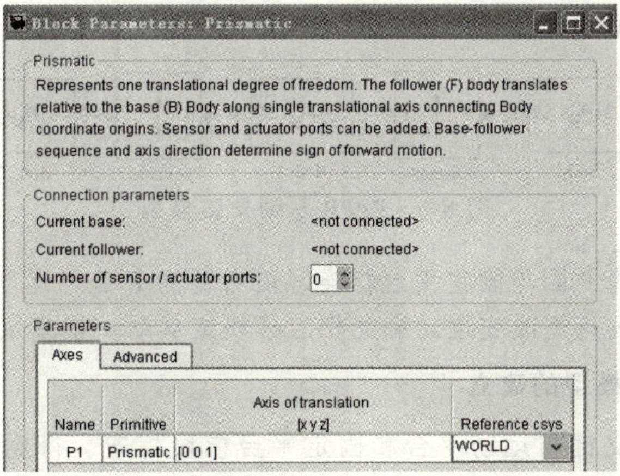

图 8-4　P 副模块

8.2.2　系统模型的建立

利用上述模块可以建立机构的整体模型。机构的输出显示和各变量的信息可以用 Scope 窗口显示。由于机构的运动随时间变化，需要用 Clock 模块输入时间变量，同时还要编写 Function 函数。

1. 支链模型的建立

驱动支链连接形式为运动副（与固定平台相连）—刚体—运动副—刚体—运动副（与运动平台相连），是 3 运动副 2 刚体形式，以 SPS 支链为例，结构如图 8-5 所示。

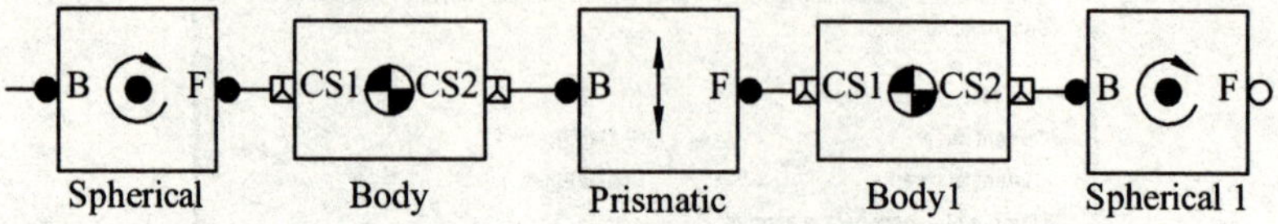

图 8-5　SPS 驱动支链模型

支链由运动副和构件模块组成，两端的 S 副分别连接固定平台和运动平台。对于 UPU 支链，只需把 S 副模块换为 U 副模块；同理，与固定平台相连的 S 副模块换为 U 副即得到 UPS 支链。

根据从动支链的结构，连接形式有 2 种：一种为 3 运动副 2 刚体，另一种是 4 运动副 3 刚体结构。以 PPPR 从动支链为例，建立从动支链模型，如图 8-6 所示。

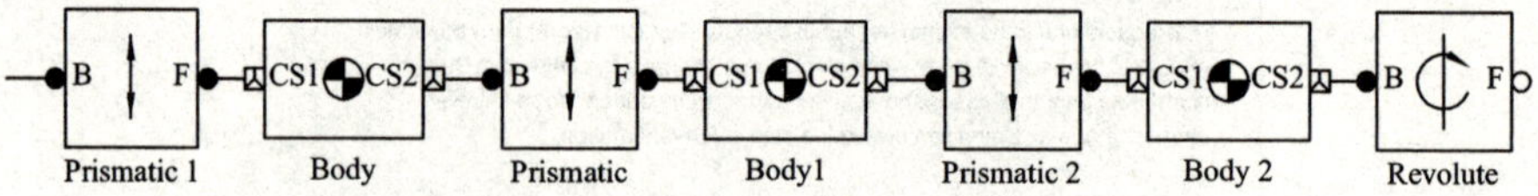

图 8-6　PPPR 从动支链模型

最左端的 P 副与固定平台相连，最右端的 R 副与运动平台相连。支链结构变化只需改变运动副的相应模块或从动支链模块即可。

2. 整体模型的建立

将各个支链与运动平台和固定平台模块相连，得到机构整体模型。以 $4\text{-}SP^{D}_{xyz}S/P_xP_yP_zR_z$ 并联机构为例，系统模型如图 8-7 所示。

上述模型可以与 Simulink 模块相融合，解算器选用 ode45（四阶五级变步长 Runge-Kutta 单步算法），相对误差和绝对误差采用默认值 10^{-3}。最大、最小及初始步长均为自适应。运行后系统仿真图如图 8-8 所示。

通过仿真发现，在给定输入的条件下，运动平台的运动轨迹与数值法计算结果基本吻合，验证了不考虑摩擦时的不同构型并联机构动力学计算结果，结果基本一致。

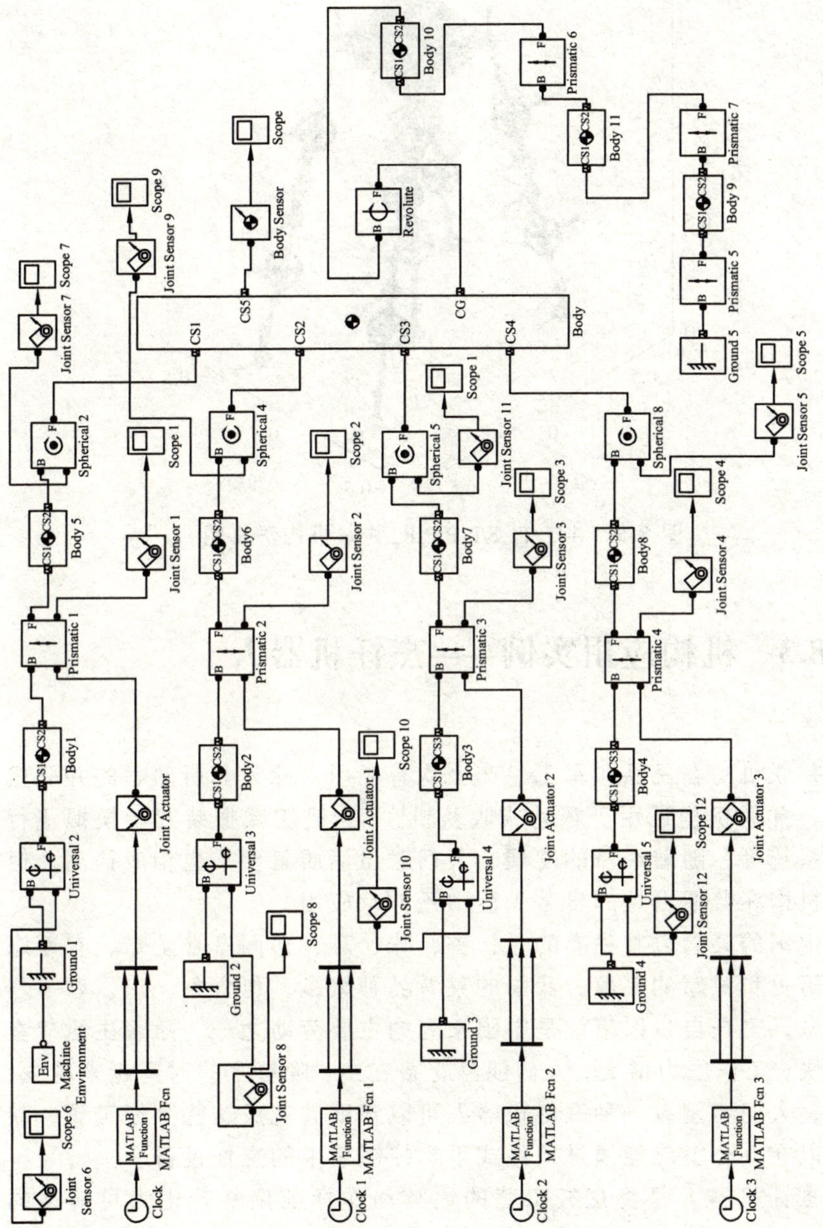

图 8-7　4-$U_{xy}P^{D}_{xyz}S/P_xP_yP_zR_z$ 并联机构仿真模型

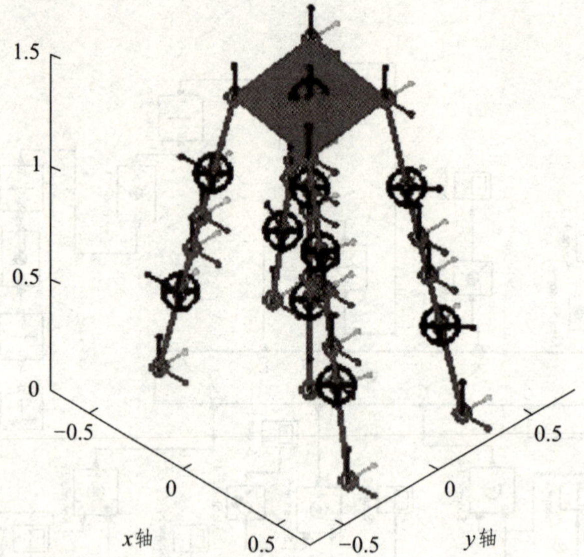

图 8-8　4-$U_{xy}P^D_{xyz}S/P_xP_yP_zR_z$ 并联机构仿真图

8.3　机构应用实例——烹饪机器人

并联机构在民品和军工生产上均有应用，除人们所熟悉的并联机床外，并联机构还用于振动式收获机[164]、船舶减振装置和模拟飞行训练系统等。随着经济的发展，人们对生活质量要求也相应提高，但并联机构在普通百姓的日常生活中还鲜有应用。

中国的菜肴以其独有的色、香、味、意、形而享誉全球，有着悠久的历史和深厚的底蕴。我国的菜肴品种繁多，包含鲁、川、粤等八大菜系。烹饪自古以来就是中国家庭的主要劳动之一。随着生活节奏的加快，工作压力增大，人们能够花费在中、晚餐上的时间越来越少。因此，人们希望有一种烹饪机器人可以帮助其完成这些烹饪工作，甚至可以在办公室就能通过网络或手机控制家中的烹饪设备。

烹饪机器人是将烹饪工艺的锅具动作标准化并转化为可解读的符号语言，再利用机构原理、控制理论和计算机等技术实现厨师工艺的机器。锅具动作机构是烹饪机器人的关键技术，根据不同的菜肴制定不同的烹饪动作，基本动作有晃锅、翻锅、倾锅和移锅。这些动作的完成需要空间三个移动和一个转动自由度，由于 3T1R 四自由度并联机构中只有一种运动特征合理，因此只能选 z 轴作为转动轴。晃锅需要锅具做直线往复变速运动，完成这个动作需要两个移动自由度，即沿 x 轴和 z 轴的移动自由度；翻锅需要锅具做近似抛物线的变速运动，完成这个动作需要三个自由度，即沿 x 轴、y 轴的移动和绕 z 轴的转动；倾锅是使锅具做侧倾运动，完成这个动作需要两个自由度，即沿 y 轴的移动和绕 z 轴的转动；移锅是使锅具离开热源的动作，完成这个动作需要一个移动自由度，即沿任意坐标轴移动，如图 8-9 所示。

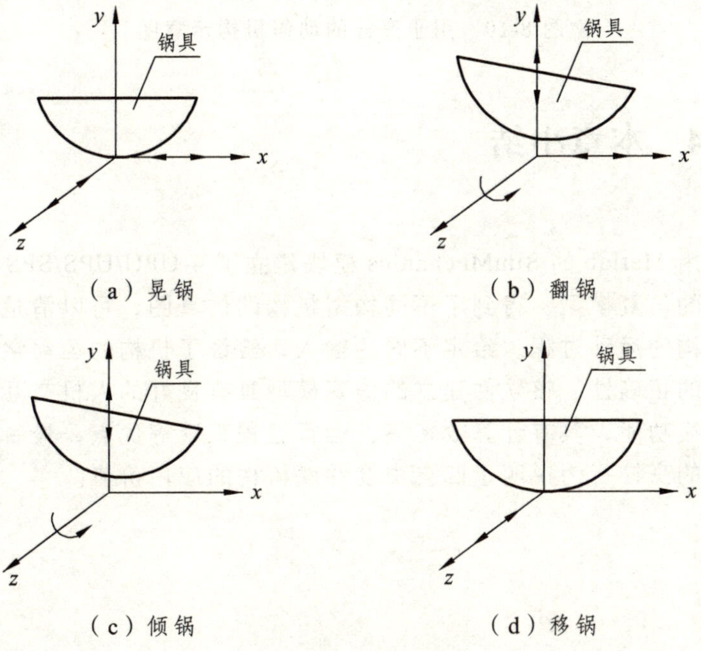

（a）晃锅　（b）翻锅　（c）倾锅　（d）移锅

图 8-9　烹饪动作

综上所述，烹饪机器人机构实现基本动作需要四个自由度。将 $3T1R_z$ 四自由度并联机构水平放置，再在运动平台上增加一块水平放置的平台用于放置锅具，即可以实现晃锅、翻锅、倾锅和移锅四个基本动作，机构设计如图 8-10 所示。同时，根据不同菜品的烹饪特点，可以改变机构的自由度运动形式，实现更多的烹饪技巧。

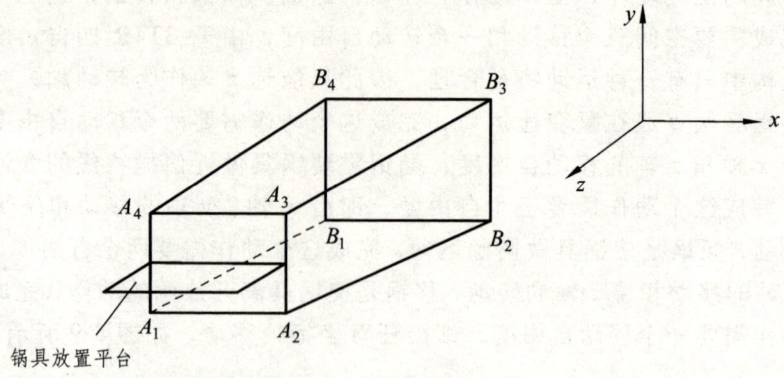

图 8-10　用于烹饪的动作机构示意图

8.4　本章小结

采用 Matlab 的 SimMechanics 模块建立了 4-UPU/UPS/SPS 并联机构构型的仿真模型，得到了不同构型机构的仿真图，可以清楚直观地了解机构的运动过程。给定不同的输入，验证了机构的运动学和动力学计算的正确性。该软件建立的仿真模型具有良好的人机交互和便捷的可替换功能，具有计算效率高、运行过程直观等优点。最后，根据生活中的烹饪行为说明了四自由度并联机构的应用价值。

9 结论

9.1 工作总结

本书以一类四自由度构型为例，研究了少自由度并联机器人机构分析方法。通过构型演变得到了4-UPU/UPS/SPS四自由度并联机构，研究了机构的奇异位形、工作空间特点、性能指标、运动学和动力学。其主要工作和结论如下：

(1) 以Stewart平台改进的四驱动支链并联机构为研究对象，改变机构驱动支链的运动副和从动支链的结构，演变出驱动支链为UPU、UPS和SPS结构的不同运动特征的四自由度并联机构。由于目前机构的代号表示方法并不完备，补充了运动副在机构中的描述方法，制定了机构表示规则。

(2) 对不同运动特征的4-UPU/UPS/SPS并联机构进行了奇异性分析。由于机构的Jacobian矩阵代数行列式复杂，很难直接发现机构的奇异位形，采用数值法计算工作空间奇异点，根据奇异点的规律寻找机构的奇异位形，同时可以得到奇异位形与机构尺度的关系。

(3) 分析了3T1R、2T2R和1T3R四自由度的4-UPU/UPS/SPS并联机构工作空间与尺度的关系。利用数值法得到了不同运动特征的四自由度并联机构的工作空间区域和边界，基于“点集”求解了不同运动特征并联机构工作空间大小。改变并联机构尺度参数，得到了各参数对工作空间的影响程度。

(4) 建立了4-UPU/UPS/SPS并联机构的一阶和二阶影响系数矩阵，分析了$3T1R_z$、$2T_{xz}2R_{xz}$、$1T_z3R$四自由度并联机构的性能评价指标。由于移动与转动、力与力矩的量纲不同，将Jacobian矩阵分离，分析了机构速度/角速度、承载力和驱动力等性能，得到了工作空间内一阶影响系数矩阵性能图谱。采用“分层”研究的方法，得到了更为翔实的输入对机构各广义输出的影响程度。利用全域性能指标，得到了机构尺度参数与运动性能的关系。根据性能图谱的跳动点，为轨迹规划提供依据。

(5) 建立了4-UPU/UPS/SPS并联机构输入输出的位置、速度和加速度运动学方程。主要研究了并联机构位置正解，对求解非线性方程组的传统数值迭代法和智能算法进行了分析，决定采用这两类方法相结合解决位置正解问题。采用一种变权重的改进PSO算法与Broyden迭代法相结合的方法得到了$3T1R_z$、$2T_{xz}2R_{xz}$、$1T_z3R$并联机构的高精度位置正解。根据运动学方程，在给定输入的条件下，求得了输出变化曲线。

(6) 分析了不同运动特征的4-UPU/UPS/SPS并联机构各构件的受力，利用N-E法建立了含摩擦的机构动力学方程。给定两种输入，对不同构型的并联机构进行了求解，得到了机构的驱动力和运动副约束反力/力偶的变化规律。

(7) 建立了机构的仿真模型，验证了理论计算的正确性。通过实际应用需求分析，说明了机构的实用价值。

本书机构型综合、性能分析方法及仿真过程具有普遍性，可以用于其他并联机器人构型的机构学分析。

9.2 后续研究

针对本书的研究内容，作者认为以下内容还有待进一步研究：

(1) 并联机器人机构的符号表示需更加翔实，需制定成熟的规范；机构符号运算的数学计算方法仍需进一步研究。

(2) 目前，过约束并联机构的动力学分析需要通过增加变形协调方程得到结果，计算过程烦琐。寻求更为简便的计算和求解方法仍需进一步探讨，以提高计算效率。

参考文献

[1] GWINNETT J E. Amusement Device[P]. United States，1931，1789680.

[2] POLLARD W L. Spray Painting Machine[P]. United States，1940，2213108.

[3] LEE H Y，LIN W，DUFFY J. A method for forward displacement analysis of in-parallel platform mechanisms[J]. Mechatronics，1993，3(5): 659-669.

[4] ALIZADE R I，TAGIYEV N R，DUFFY J. A forward and reverse displacement analysis of a 6-DOF in-parallel manipulator[J]. Mechanism and Machine Theory，1994，29(1): 115-124.

[5] DOWLER H J，DUFFY J，TESAR D. A generalised study of three multiply separated positions in spherical kinematics[J]. Mechanism and Machine Theory，1976，11(6): 395-410.

[6] MATTHEW G K，TESAR D. Cam system design: The dynamic synthesis and analysis of the one degree of freedom model [J]. Mechanism and Machine Theory，1976，11(4): 247-257.

[7] GOSSELIN C M，ANGELES J. Singularity Analysis of Closed-Loop Kinematic Chains[C]. IEEE Transactions on Robotics and Automation，1990，6(3): 281-290.

[8] GOSSELIN C M，JEAN M. Determination of the workspace of

planar parallel manipulators with joint limits[J]. Robotics and Autonomous Systems, 1996, 17(3):129-138.

[9] HAO F, MERLET J P. Multi-criteria optimal design of parallel manipulators based on interval analysis[J]. Mechanism and Machine Theory, 2005, 40(2): 157-171.

[10] MERLET J P, GOSSELIN C M, MOULY N. Workspaces of planar parallel manipulators[J]. Mechanism and Machine Theory, 1998, 33(1): 7-20.

[11] DANIALI H R, ZSOMBOR-MURRAY P J, ANGELES J. Singularity analysis of planar parallel manipulators[J]. Mechanism and Machine Theory, 1995, 30(5): 665-678.

[12] SHIAU T N, TSAI Y J, TSAI M S. Nonlinear dynamic analysis of a parallel mechanism with consideration of joint effects[J]. Mechanism and Machine Theory, 2008, 43(4): 491-505.

[13] LEE C C, HERVE J M. Translational parallel manipulators with doubly planar limbs[J]. Mechanism and Machine Theory, 2006, 41(4): 433-455.

[14] REFAAT S, HERVE J M, NAHAVANDI S, et al. A symmetrical three-DOFs rotational-translational parallel-kinematics mechanisms based on Lie group theory[J]. European Journal of Mechanics-A/Solids, 2006, 25(3): 550-558.

[15] GOUGH V E. Contribution to Discussion of Papers on Research in Automobile Stability[J]. Proceedings of the Institution of Mechanical Engineers: Auto Division, 1956, 171: 392-395.

[16] STEWART D. A platform with six degrees of freedom[J].

Proceedings of the Institution of Mechanical Enginners, 1965, 180(15): 371-386.

[17] CLAVEL R. A fast robot with parallel Geometry[C]. Proceedings of 8th International Symposium on Industrial Robots, Sydney, 1998: 91-100.

[18] TSAI L W, WALSH G C, STAMPER R E. Kinematics of a novel three dof translational platform[C]. Proceedings of IEEE International Conference on Robotics and Automation, Minneapolis, Minnesota, 1996: 3446-3451.

[19] GOSSELIN C M, ST-PIERRE E, GAGNE M. On the development of the agile eye: mechanical design, control issues and experimentation[J]. IEEE Robotics and Automation Society Magazine, 1996, 3(4): 29-37.

[20] HUAMG Z. Modeling formulation of 6-DOF multiloop parallel manipulators part 2-dynamic modeling and example[C]. Proc. of 4th IFToMM conf. on Mechanisms and CAD, Romania, 1985.

[21] HUAMG Z. Error analysis of position and orientation in robot manipulators[J]. Mechanism and Machine Theory, 1987, 22(6): 577-581.

[22] 杜铁军. 机器人误差补偿器研究[D]. 秦皇岛：燕山大学，1994.

[23] 杨廷力. 机器人机构拓扑结构学[M]. 北京：机械工业出版社，2003.

[24] 高峰，杨加伦，葛巧德. 并联机器人型综合的 G_F 集理论[M]. 北京：科学出版社，2011.

[25] 赵现朝，高峰. 并联机构的六维鼠标研制开发[J]. 机械设计，

2003，20(6): 15-17.

[26] 高振. 空间三自由度并联/混联机构构型性能与若干应用研究[D]. 合肥：中国科学技术大学，2009.

[27] BALL R S. The theory of screw[M]. Calnbridge England: Cambridge Universitypress, 1990.

[28] HUANG Z, FANG Y F. Kinematic Characteristics Analysis of 3-DOF in-Parallel Actuated Pyramid Mechanisms[J]. Mechanism and Machine Theory, 1996, 31(8): 1009-1018.

[29] 黄真，孔令福，方跃法. 并联机器人机构学理论与控制[M]. 北京：机械工业出版社，1997.

[30] HUANG Z, LI Q C. General methodology for type synthesis of symmetrical lower-mobility parallel manipulators and several novel manipulators[J]. The International Journal of Robotics Research, 2002, 21(2): 131-145.

[31] KONG X W, GOSSELIN C M. Type synthesis of 3-DOF spherical parallel manipulators based on screw theory[C]. Proceedings of ASME Design Engineering Technical Conferences, Montreal, 2002.

[32] FANG Y F, TSAI L W. Structure synthesis of a class of 4-DOF and 5-DOF parallel manipulators with identical limb structures. The International Journal of Robotics Research, 2002, 21(9): 799-810.

[33] 于靖军，赵铁石，毕树生，等. 三维平动并联机构型综合研究[J]. 自然科学进展，2003，13(8)：843-850.

[34] 房海蓉，方跃法，胡明. 3 转动 1 移动并联机器人机构的结构综合[J]. 北方交通大学学报，2004，28(4)：72-75.

[35] 张彦斌，吴鑫，刘宏昭. 完全各向同性 2T1R 空间并联机器人机构型综合[J]. 农业机械学报，2011，42(11)：200-207.

[36] KONG X W, GOSSELIN C M. Type synthesis of 3-DOF spherical parallel Manipulators Based on Screw Theory[J]. ASME Journal of Mechanical Design, 2004, 126(1): 101-108.

[37] KONG X W, GOSSELIN C M. Type Synthesis of 3-DOF Translational Parallel Manipulators Based on Screw Theory[J]. ASME Journal of Mechanical Design, 2004, 126(1): 83-92.

[38] FANG Y F, TSAI L W. Structural Synthesis of a Class of 4-dof and 5-dof Parallel Manipulators with Identical Limb Structures[J]. Int. J. of Robotics Research, 2002, 21(9): 799-810.

[39] 李秦川，黄真. 少自由度并联机构的位移流形综合理论[J]. 中国科学（E 辑），2004, 34(9)：1011-1020.

[40] 李秦川，黄真. 基于位移子群分析的三自由度移动并联机构型综合[J]. 机械工程学报，2003,39(6)：18-21.

[41] TSAI L W. The Enumeration of a Class of Three-Dof Parallel Manipulators[C]. The Tenth Word Congress on the Theory of Machines and Mechanisms, Finland, 1999: 1123-1126.

[42] HERVE J M, SPARACINO F. Structural Synthesis of Parallel Robotics Generating Spatial Translation[C]. 5th IEEE Int. Conference on Advanced Robotics, 1991, Pisa: 808-813.

[43] KAROUIA M, HERVE J M. A Three-Dof Tripod for Generating Spherical Rotation[C]. J. Lenarčič and M. M. Stanišič, Advances in Robot Kinematics, Kluwer Academic Publishers, 2000: 395-402.

[44] JIN Q，YANG T L. Theory for topology synthesis of parallel

manipulators and its application to three-dimension-translation parallel manipulators[J]. ASME Journal of Mechanical Design, 2004, 126(4): 625-639.

[45] REFAAT S，HERVE J M. Asymmetrical three-dofs rotational-translational parallel-kinematics mechanisms based on Lie group theory[J]. European Journal of Mechanics-A/Solids，2006，25(3): 550-558.

[46] 杨廷力，金琼，刘安心，等. 基于单开链单元的三平移并联机器人机构型综合及其分类[J]. 机械工程学报，2002，38(8)：31-36.

[47] JIN Q, YANG T L. Theory for topology synthesis of parallel manipulators and its application to three-dimension-translation parallel manipulators[J]. ASME Journal of Mechanical Design, 2004, 126: 625-639.

[48] 沈惠平，赵海彬，邓嘉鸣，等. 基于自由度分配和方位特征集的混联机器人机型设计方法及应用[J]. 机械工程学报，2011，47(23)：56-64.

[49] HEAA-COELHO T A. Topological synthesis of a parallel wrist mechanism[J]. ASME Journal of Mechanical Design, 2006, 128(1): 230-235.

[50] TAI L W. The enumeration of a class of three-dof parallel manipulators[C]. The 10th World Congress on the Theory of Machine and Mechanisms, Oulu, Finland, 1999: 1121-1126.

[51] HERVE J M. Analyse structurelle des mécanismes par groupe des déplacements[J]. Mechanism and Machine Theory, 1978, 13: 437-450.

[52] PEIRROT F, COMPANY O. H4: A New Family of 4-dof Parallel Robots[C]. Proc. IEEE/ASME Int. Conf. on Andvance Intelligent Mechatronics, Atlanta, Georgia. 1999: 508-513.

[53] 赵铁石，黄真. 欠秩空间并联机器人输入选取的理论与应用[J]. 机械工程学报，2000，36(10)：81-85.

[54] ZLATANOV D, GOSSELIN C M. A family of new parallel architectures with four degrees of freedom[J]. Electronic Journal of Computation Kinematics, 2002, 1(1): 57-66.

[55] LI Q C, HUANG Z. Type synthesis of 4-DOF parallel manipulators[C]. Proceeding of the 2003 IEEE International Conference on Robotic & Automation, Taipei, China，2003: 755-760.

[56] 房海蓉，方跃法，郭盛. 四自由度对称并联机器人结构综合方法[J]. 北京航空航天大学学报，2005，31(3)：346-350.

[57] 伞红军，钟诗胜，王知行. 新型 2-TPR/2-TPS 空间 4 自由度并联机构[J]. 机械工程学报，2008，44(11)：298-303.

[58] 李秦川，陈巧红，武传宇. 变自由度 4-$^{x}P^{x}R^{x}R^{x}R^{y}R_{N}$ 并联机构[J]. 机械工程学报，2009，45(1)：83-87.

[59] 张彦斌. 少自由度无奇异完全各向同性并联机构型综合理论研究[D]. 西安：西安理工大学，2008.

[60] 范彩霞，刘宏昭，张彦斌. 基于构型演变和李群理论的 2T2R 型四自由度并联机构型综合[J]. 中国机械工程，2010，21(9)：1101-1105.

[61] ZLATANOV D, GOSSELIN C M. A new parallel architecture with four degrees of freedom[C]. Proceedings of the 2nd workshop on

Computational Kinematics, Korea, 2001: 57-66.

[62] LI Q C, HUANG Z. Type Synthesis of 4-DOF Parallel Manipulators[C]. IEEE International Conference on Robotics & Automation, Taipei, China, 2003: 755-759.

[63] WHITNEY D E. The Mathematics of Coordinated Control of Prosthetic Arms and Manipulators[J]. Journal of Dynamic Systems, Measurement and Control Trans. ASME, 1972, 94(4): 303-330.

[64] DIZIOGLU B. Theory and Practice of Spatial Mechanisms with Special Position of the Axes[J]. Mechanism and Machine Theory, 1978, 13(2): 139-153.

[65] BAKER J E. Limit Position of Spatial Linkages Via Connectivity Sum Reduction[J]. Journal of Mechanical Design Transactions of ASME, 1979, 101(4): 504-507.

[66] TCHON K. Singularity avoidance in robotic manipulators: a differential form approach[J]. System & Control Letter, 1997, 30: 165-176.

[67] SHAMIR T. The singularities of redundant robot arms, Int[J]. Joumal of Roboties Research, 1990, 9(1): 113-121.

[68] HUNT K H. Structural Kinematic of in-Parallel-Actuated Robot Arms[J]. Journal of Mechanisms Transmissions and Automation in Design, 1983, (105): 705-712.

[69] MERLET J P. Parallel Manipulators Part 2: Singular Configurations and Grassmann Geometry. Technology report[C]. INRIA, Sophia Antipols, France, 1988: 66-70.

[70] COLLINS C L, MECARTHY J M. The Singularity Loci of Two

Triangular Parallel Manipulators[C]. Proceedings of IEEE 8th International Conference on Advanced Robotics, Monterey, USA, 1997: 473-478.

[71] MONSARRAT B, GOSSELIN C M. Singularity Analysis of A Three-Leg Six-Degree-of-Freedom Parallel Platform Mechanism Based on Grassmann Line Geometry[J]. The International Journal of Robotics Research, 2001, 20(4): 312-326.

[72] KUMAR D A, CHEN I M, HUAT Y S. Singularity-Free Path Planning Of Parallel Manipulators Using Clustering Algorithm and Line Geometry[C]. Proceedings of IEEE International Conference on Robotics and Automation, Taipei, China, 2003: 761-766.

[73] HORIN P B, SHOHAM M. Singularity Analysis of A Class of Parallel Robots Based on Grassmann-Cayley Algebra[J]. Mechanism and Machine Theory, 2006, 41(8): 958-970.

[74] KANAAN D, WENGER P, CARO S. et al. Singularity analysis of lower mobility parallel manipulators using Grassmann-Cayley algebra[C], IEEE Transactions on Robotics, 2009, 25(5): 995-1004.

[75] ALON W, ERIKA O, MOSHE S. Application of Line Geometry and Linear Complex Approximation to Singularity Analysis of the 3-DoF CaPaMan Parallel Manipulator[J]. Mechanism and Machine Theory, 2004, 39(1): 75-95.

[76] HUANG Z, CHEN Y H, LI Y W. The Singularity Principle and Property of Stewart Parallel Manipulator[J]. Journal of Robotic Systems, 2003, 20(4): 163-176.

[77] HUANG Z, ZHAO Y S, WANG J. et al. Kinematic Priciple and

Geometrical Condition of General-Linear-Complex Special Configuration of Parallel Manipulator[J]. Mechanism and Machine, 1999, 34: 1171-1186.

[78] GOSSELIN C M, ANGELES J. Singularity Analysis of Closed-Loop Kinematic Chains[C]. IEEE Transactions on Robotics and Automation, 1990, 6(3): 281-290.

[79] RAFFAELE D G. Forward Problem Singularities of Manipulators Which Become PS-2RS or 2PS-RS Structures When the Actuators Are Locked[C]. Proceedings of the ASME Design Engineering Technical Conference, Chicago, IL, United States, 2003, (2B): 1117-1123.

[80] O'BRIEN J F, WEN J T. Kinematic Control of Parallel Robots in the Presence of Unstable Singularities[C]. Proceedings IEEE International Conference on Robotics and Automation, Seoul, 2001, (1): 354-359.

[81] ZLATANOV D, BONEV I, GOSSELIN C M. Constraint Singularities[J]. News Letter, 2002.

[82] WANG J, GOSSELIN C M. Kinematic Analysis and Singularity Representation of Spatial Five-Degree-of-Freedom Parallel Mechanisms[J]. Journal of Robotic Systems, 1997, 14(12): 851-869.

[83] FANG Y F, TSAI L W. Inverse Velocity and Singularity Analysis of Low-DOF Several Manipulator[J]. Journal of Robotics, 2003, 20(4): 177-188.

[84] 李艳文. 几类空间并联机器人的奇异研究[D]. 秦皇岛：燕山大学，2005，2.

[85] BRIOT S, BONEV I A. Pantopteron-4: A new 3T1R decoupled parallel manipulator for pick-and-place applications[J]. Mechanism and Machine Theory, 2010, 45(2): 707-721.

[86] CHOI H B, RYU J. Singularity analysis of a four degree-of-freedom parallel manipulator based on an expanded 6×6 Jacobian matrix[J]. Mechanism and Machine Theory, 2012, 57(11): 51-61.

[87] 陈建涛，郝秀清，胡福生. 3RRC 并联机构位置和工作空间的图解法[J].山东理工大学学报，2006，20(2)：26-29.

[88] BRISAN C, CSISZAR A. Computation and analysis of the workspace of a reconfigurable parallel robotic system[J]. Mechanism and Machine Theory, 2011, 46(11): 1647-1668.

[89] PICCIN O, BAYLE B, MAURIN B, et al. Kinematic modeling of a 5-DOF parallel mechanism for semi-spherical workspace[J]. Mechanism and Machine Theory, 2009, 44(8): 1485-1496.

[90] GOSSELIN C M. Determination of the Workspace of Six-DOF Parallel Manipulator[J]. Journal of Mechanical Design, 1990, 112: 331-336.

[91] BONEV I A, RYU J. A Geometrical Method for Computing the Constant-orientation Workspace of 6-PRRS Parallel Manipulators[J]. Mechanism and Machine Theory, 2001, 36(1): 1-13.

[92] 高秀兰，鲁开讲，王娟平. Delta 并联机构工作空间解析及尺度综合[J].农业机械学报，2008，39(5)：146-149.

[93] 郭宗和，段建国，郝秀清，等. 4-PTT 并联机构位置正反解与工作空间分析[J].农业机械学报，2008，39(7)：144-148.

[94] ALTUZARRA O, ZUBIZARRETA A, CABANES I, et al. Dynamics

of a four degrees-of-freedom parallel manipulator with parallelogram joints[J]. Mechatronics, 2009, 19(8): 1269-1279.

[95] LU Y, SHI Y, HUANG Z, et al. Kinematics/statics of a 4-DOF over-constrained parallel manipulator with 3 legs[J]. Mechanism and Machine Theory, 2009, 44(8): 1497-1506.

[96] 曹永刚，张玉茹，马运忠. 6-RSS 型并联机构的工作空间分析与参数优化[J]. 机械工程学报，2008，44(1)：19-24.

[97] 李浩，张玉茹，王党校.6-RSS 并联机构工作空间优化算法对比分析[J]. 机械工程学报，2010，46(13)：61-67.

[98] 郭希娟，彭艳敏，耿清甲.LR-Mate 机器人动力学性能分析[J]. 机械工程学报，2008，44(10)：123-128.

[99] YAN J, HUANG Z. Kinematical Analysis of Multi-Loop Spatial Mechanism[C]. Proc. Of the 4th IFToMM International Symposium on Linkage and Computer Aided Design Methods, 1985, 2（2）: 439-446.

[100] 杨育林，黄世军，刘善喜，等. 2-RUUS 机构动力学性能分析[J]. 机械工程学报，2009，45(11)：1-8.

[101] GUO X, ZHOU K, GUO X J. Analysis of Dynamic Performance Indices of 3-RPC Parallel Mechanism[C]. Proc. Of 2nd on environmental science and information application technology, 2010: 78-82.

[102] LI Y W, WANG J S, LIU X J, et al. Dynamic performance comparison and counterweight optimization of two 3-DOF parallel manipulators for a new hybrid machine tool[J]. Mechanism and Machine Theory, 2010, 45: 1668-1680.

[103] ZHAO Y J, GAO F. Dynamic formulation and performance evaluation of the redundant parallel manipulator[J]. Robotics and Computer-Integrated Manufacturing, 2009, 25: 770-781.

[104] SALISBURY J K, CRAIG J J. Articulated hands force control and kinematics issues[J]. International Journal of Robot Research, 1982, 1(1): 4-17.

[105] ASADA H. A geometrical representation of manipulators dynamics and its application to arm design[J]. Transaction of ASME Journal of Dynamic Systems, Measurement and Control, 1983, 105(3): 131-142.

[106] CARDOU P, BOUCHARD S, GOSSELIN C. Kinematic-Sensitivity Indices for Dimensionally Nonhomogeneous Jacobian Matrices[J]. IEEE Transactions on Robotics, 2010, 26(1): 166-173.

[107] GOSSELIN C, ANGELES J. A global performance index for the kinematics optimization of robotic manipulator[J]. Transactions of the ASME, 1991, 113(1): 220-226.

[108] MANSOURI I, OUALI M. The power manipulability-A new homogeneous performance index of robot manipulator[J]. Robotics and Computer-Integrated Manufacturing, 2011, 27: 434-449.

[109] WANG J S, WU C, LIU X J. Performance evaluation of parallel manipulator: Motion/force transmissibility and its index[J]. Mechanism and Machine Theory, 2010,45: 1462-1476.

[110] GUO X J, CHANG F Q, ZHU S J. Acceleration and dexterity performance indices for 6-DOF and lower-mobility parallel mechanism[C]. Proceedings of the ASME Design Engineering

Technical Conferences, September 28-October 2, 2004, Salt Lake City. New York: ASME, 2004: 163-170.

[111] HOSSEINI M A, DANIALI H M. Weighted local conditioning index of a positioning and orienting parallel manipulator[J]. Sharif University of Technology, 2011, 18(1): 115-120.

[112] NAWRATIL G. New performance indices for 6-dof UPS and 3-dof RPR parallel manipulators[J]. Mechanism and Machine Theory, 2009, 44: 208-221.

[113] GUO X J, CHANG F Q, ZHU S J. Acceleration and dexterity performance indices for 6-DOF and lower-mobility parallel mechanism[C]. Proceedings of the ASME Design Engineering Technical Conferences, September 28-October 2, 2004, Salt Lake City. New York: ASME, 2004: 163-170.

[114] WANG J G, GOSSELIN C. Static Balancing of Spatial Four-Degree-of-Freedom Parallel Mechanisms[J]. Mechanism and Machine Theory, 2000, 35(5):563-592.

[115] 刘爽，郭希娟，刘彬. 4-RR(RR)R 并联机构的动力学性能指标分析[J].机械工程学报，2008，44(7)：63-68.

[116] 宁淑荣，郭希娟，黄真. 一种新型并联机构 4-RPR 的性能分析[J]. 机械科学与技术，2007, 26(2)：184-187.

[117] 崔国华，李权才，张艳伟. 空间转动 4-SPS-1-S 型并联机构动力学性能指标分析[J]. 农业机械学报，2010，41(7)：214-218.

[118] GREENIVASAN S V, NANUA P. Solution of the Direct Position Kinematics Problem of the General Stewart Platform Using Advanced Polynomial Continuation[C]. Proc of the 22nd ASME Mechanisms Conference, Arizona, 1992: 99-106.

[119] 程佳. 并联 4TPS-1PS 型电动稳定跟踪平台的特征与控制研究[D]. 杭州：浙江大学，2008.

[120] 陈永，严静. 同伦迭代法及应用于一般 6-SPS 并联机器人机构正位置问题[J]. 机械科学与技术，1997，16(2)：189-194.

[121] 刘安心，杨廷力. 求一般 6-SPS 并联机器人机构的全部位置正解[J].机械科学与技术，1996，15(4)：75-78.

[122] 李磊. 六自由度并联平台位置正解与控制方法研究[D]. 哈尔滨：哈尔滨工程大学，2008，10.

[123] WEN F, LIANG C. Displacement Analysis of the 6-6 Stewart Platform Mechanisms[J]. Mach. Theory, 1994, 29(4): 547-557.

[124] GAO X S, LEI D L, LIAO Q Z, et al. Generalized Stewart-Gough Platforms and Their Direct Kinematics[J], IEEE Trans. On Robotics, 2005, 21(2): 141-151.

[125] 梁崇高，荣辉. 一种 Stewart 平台机械手位移正解[J]. 机械工程学报，1991, 27(2)：26-30.

[126] LIN W, GRIFFS M. Closed-form Forward Displacement Analysis of the 4-5 In-Parallel Platforms[J]. Proc. ASME Des. Teeh. Cont., 1992, 45: 521-527.

[127] 郝铁宁，王军政，汪首坤，等. 基于神经网络的六自由度摇摆台位置正解[J]. 北京理工大学学报，2003，23(6)：736-739.

[128] HOLLAND J H. Adaptation in natural and artificial systems[M]. Cambridge: MIT Press, 1975.

[129] 郑春红，焦李成. 基于遗传算法的 Stewart 并联机器人位置正解分析[J].西安电子科技大学学报，2003，30(2)：165-173.

[130] KENNEDY J, EBERHART R C. Particle swarm optimization[C].

Proceedings of IEEE International Conference on Neural Networks. Piscataway, NJ, USA: IEEE, 1995: 1942-1948.

[131] 李丽，牛奔. 粒子群优化算法[M].北京：冶金工业出版社，2009.

[132] WANG Y, LI B, WEISE T, et al. Self-adaptive learning based particle swarm optimization[J]. Information Sciences, 2010, 180(14): 1-24.

[133] TRIPATHI P K, BANDYOPADHYAY S, PAL S K. Multi-Objective Particle Swarm Optimization with time variant inertia and acceleration[J]. Information Sciences, 2007, 177(22): 5033-5049.

[134] SANTOSCOELHO L S. Gaussian quantum-behaved particle swarm optimization approaches for constrained engineering design problems[J]. Expert Systems with Applications, 2010, 37(2): 1676-1683.

[135] KIRANYAZ S, INCE T, YILDIRIM A. Evolutionary artificial neural networks by multi-dimensional particle swarm optimization[J]. Neural Networks, 2009, 22(10): 1448-1462.

[136] ABBASNEJAD G, DANIALI H M, FATHI A. Closed form solution for direct kinematics of a 4PUS+1PS parallel manipulator[J]. Scientia Iranica, 2012, 19(2): 320-326.

[137] 李艳文，黄真，王鲁敏，等. 新型4自由度并联机器人运动学分析[J]. 2008，44(10)：66-71.

[138] 车林仙. 4-RUP$_a$R 并联机器人机构及其运动学分析[J]. 机械工程学报，2010，46(3)：35-41.

[139] 王洪波，黄真. 六自由度并联式机器人拉格朗日动力方程[J]. 机器人，1990，12(1)：23-26.

[140] 黄其涛，韩俊伟，何景峰. 六自由度并联运动平台动力学建模与分析[J]. 机械科学与技术，2006，25(4):382-385.

[141] 赵强，阎绍泽. 双端虎克铰型六自由度并联机构的动力学模型[J]. 清华大学学报，2005，45(5)：610-613.

[142] 李强. 并联电液伺服六自由度平台系统低速运动研究[D]. 杭州：浙江大学，2008.

[143] 刘善增，余跃庆，刘庆波，等. 3-RRC 并联机器人动力学分析[J]. 机械工程学报，2009, 45(5)：220-224.

[144] 刘善增，余跃庆，侣国宁，等. 3 自由度并联机器人的运动学与动力学分析[J]. 机械工程学报，2009，45(8)：11-17.

[145] 李永刚，宋轶民，冯志友，等. 基于牛顿欧拉法的 3-RPS 并联机构逆动力学分析[J]. 航空学报，2007，28(5)：1210-1215.

[146] TSAI M S, YUAN W H. Inverse dynamics analysis for a 3-PRS parallel mechanism based on a special decomposition of the reaction forces[J]. Mechanism and Machine Theory, 2010, 45: 1491-1583.

[147] 王宣银，程佳. 4TPS-1PS 四自由度并联电动平台动力学建模与位姿闭环鲁棒控制[J]. 浙江大学学报（工学版），2009，43(8)：1492-1548.

[148] 冯志友，张燕，杨廷力，等. 基于牛顿欧拉法的 2UPS-2RPS 并联机构逆动力学分析[J]. 农业机械学报，2009，40(4)：193-197.

[149] 赵燕，黄真. 含过约束力偶的少自由度并联机构的受力分析[J]. 机械工程学报，2010，46(5)：15-21.

[150] 胡波，路懿，许佳音，等. 新型过约束并联机构 2RPU-UPU 动力学模型[J]. 机械工程学报，2011，47(6)：36-43.

[151] 黄真，赵永生，赵铁石．高等空间机构学[M]．北京：高等教育出版社，2006.

[152] 杨廷力．机器人机构拓扑结构学[M]．北京：机械工业出版社，2003.

[153] 朱煜，汪劲松，张华，等．并联机构拓扑结构的字符串描述及其应用[J]．中国机械工程，2003，14(12)：991-995.

[154] 徐宗刚．3-PCR 并联机构工作空间及轨迹规划的研究与应用[D]．淄博：山东理工大学，2009，4.

[155] 黄真，孔令富，方跃法．并联机器人机构学理论与控制[M]．北京：机械工业出版社，1997，12.

[156] 杨永刚．6-PRRS 并联机器人关键技术的研究[D]．哈尔滨：哈尔滨工业大学，2008，9.

[157] 李乃华，王金敏，曾维川，等．Stewart 并联机构连杆干涉检测算法[J]．机械设计，2003，20(12)：49-52.

[158] 郭希娟，耿清甲．串联机器人加速度性能指标分析[J]．机械工程学报，2008，44(9)：56-60.

[159] SHI Y H, EBERHART R C. A modified particle swarm optimizer [C]. Proceedings of the IEEE Congress on Evolutionary Computation, Piscataway, USA: IEEE Service Center, 1998. 69-73.

[160] 汪霖，曹建福，韩崇照．基于粒子群优化的机器人多传感器自目标标定[J]．机器人，2009，31（5）：391-396.

[161] BO L C, PAVELESCU D. The friction-speed relation and its influence on the critical velocity of the stick-slip motion[J]. Wear, 1982, 82(3): 277-289.

[162] DAHL P R. Solid friction damping of mechanical vibrations[C]. AIAA, 1976: 1675-1682.

[163] CANUDAS C, OLSSON H, ASTROM K J, et al. A New Model for Control of System with Friction[J]. IEEE Transactions on Automatic Control, 1995, 40 (3): 419-425.

[164] 刘剑敏，马履中，许子红，等. 振动筛两平移两转动并联机构的运动学分析[J]. 农业机械学报，2008, 39(2)：14-17.